U0223199

作者简介

　　龙　飞　女，汉族，1983年5月生，2018年毕业于中国传媒大学文学院，获文学博士学位。主要研究方向：话语语言学、计算话语学。现任职于哈尔滨商业大学外语学院。主持黑龙江省哲学社会课题"面向计算的话语连贯关系的研究"以及校级后备人才课题"面向人工智能的商务话语因果关系的研究"等。

话语意义的可计算性研究

龙 飞 ◎ 著

人民日报学术文库

人民日报出版社·北京

图书在版编目（CIP）数据

话语意义的可计算性研究／龙飞著．—北京：人民日报
出版社，2020.6
ISBN 978－7－5115－6415－3

Ⅰ.①话… Ⅱ.①龙… Ⅲ.①算法语言 Ⅳ.①TP312

中国版本图书馆 CIP 数据核字（2020）第 091079 号

书　　名：话语意义的可计算性研究
　　　　　HUAYU YIYI DE KE JISUANXING YANJIU
著　　者：龙　飞

出 版 人：刘华新
责任编辑：谢广灼
封面设计：中联学林

出版发行：人民日报出版社
社　　址：北京金台西路 2 号
邮政编码：100733
发行热线：（010）65369509　65363527　65369846　65369828
邮购热线：（010）65369530　65363527
编辑热线：（010）65369533
网　　址：www. peopledailypress. com
经　　销：新华书店
法律顾问：北京科宇律师事务所（010）83622312
印　　刷：三河市华东印刷有限公司

开　　本：710mm×1000mm　1/16
字　　数：150 千字
印　　张：14
版次印次：2020 年 6 月第 1 版　　2020 年 6 月第 1 次印刷

书　　号：ISBN 978－7－5115－6415－3
定　　价：78. 00 元

摘　要

　　智能计算的本质是基于自然语言的计算。在人工智能领域，计算机智能化需要以语言作为计算的媒介，模拟人类的智能。计算的原本意义是数字的处理和操作。语言的计算是通过规则和逻辑对词串和句子进行处理和操作。在人工智能高度发达的今天，话语意义的可计算性研究成为智能计算的重要话题。涉及话语意义计算的领域包括机器翻译、文本摘要、自动会话、机器阅读理解等。

　　大规模自然语篇的自动处理是话语意义计算的最终目的，如何处理意义问题是话语计算研究的核心任务。本研究从理论和实践层面主要探索以下两个问题：第一，话语连贯关系的可计算性。本研究从显式和隐式关系的识别入手，探讨如何将话语从线性的文字序列转换为可被计算机识别的有结构层次的语义关系；第二，话语意图的可计算性。研究通过话语外部的背景知识约束话语内部信息，从而实现话语意图的理解与计算。

　　针对第一个问题，本研究将汉语中显式连贯关系和隐式连贯关系的识别，整合到一个统一的识别框架内，依据优先级进行识别，试图利用层层逼近的方式，提升计算机判定话语语义关系的准确性。

针对第二个问题，本研究从认知的视角探讨话语意图的计算，梳理出面向计算的话语意图理解框架。对于自然语言理解系统而言，模型只能作为一种理论上的可行方案，离算法化的实现还有一定距离。因此，本书进一步简化模型，并未试图覆盖意图推理的全部计算过程。实验的最终目的在于验证"实现框架"的可行性和可计算性，具体实验过程为：对于给定的一段文本或话语，在目标词确定的前提下，通过计算获得目标词的具体语境义或者以目标词为核心的简单句的语境义。

与句法分析和语义分析相类似，话语意义计算的研究过程是一项复杂的长期语言工程，需要语言学、计算机科学及认知科学等学科的协同研究才能逐渐完善。

关键词：话语意义，可计算性，连贯关系，语义识别，意图计算

ABSTRACT

The essence of Intelligent Computing is based on the natural language understanding. Therefore, the intelligence of computer needs to be emulated as human intelligence, and only then can it possess the ability of computing in the field of artificial intelligence (AI). The original meaning of computing is processing and operating numbers, while the research object of language computing is word strings and sentences based on the rule and logic method. With the rapid development of AI, the computability of discourse meaning has become the center of computational process, which has been applied to many fields, such as machine translation, text summarization, automatic session and machine reading comprehension. Meanwhile, it could provide more valuable information for lexicons, phrases and sentences.

The ultimate goal of discourse meaning computing is the automatic processing of large – scale natural language discourse, thus the core mission of discourse computing is to solve the problem of meaning. The significance of this study lies mainly on a feasible method and systemic interpretation of computability for the meaning computing from discourse level. On the one hand, given the surface level of language, we focus on the transformation from linear text sequences to the structured semantic relations recognized by computer. On the other hand, the computing of discourse intention is realized by the constraints of literal meaning of context. Meanwhile, the recognition of discourse relation is the premise of the intention – understanding, both of which comprise computability of discourse meaning.

To investigate the first question, we integrate the recognition frame of implicit and explicit relations, which has been conducted by patterns as explicit connectives, lexical markers and semantic frame relations, according to its priority. In this way, we try to approach the results of semantic relations recognition more accurately.

To answer the second question, we summarize the framework of computation – oriented discourse intention from cognitive perspective. We also design the model of intention computability, in order to realize natural language understanding (NLU) based on context. This model is regarded as a theoretical and feasible plan at this stage for NLU system. We still have a way to go before reaching algorithmization, and we do not try to cover all the computational process of intention inference. Specifically, if the target word has been identified, the computer could compute the specific meaning of the target word or the intention meaning of the sentence that includes the target word, based on the context – constrain.

The computation of discourse meaning is a complicated language engineering like syntactic and semantic analysis, which needs the joint efforts of linguistic study, computer science and other relevant subjects to improve gradually.

Keywords: *discourse meaning*, *computability*, *coherent relation*, *semantic recognition*, *intention computing*

目　录
CONTENTS

表目录

图目录

1 绪论

1.1 引言

在词汇、句法层面，自然语言处理的一些理论模型和研究方法已经应用于计算机语义计算处理中。（宗成庆，2013）但是，话语层面的自然语言处理还未成熟。原因有两点，首先，语言的使用单位是话语，相对于词汇、语法单位，其结构以及意义的处理过程更加复杂。词汇、短语和句子构成话语意义计算的基础，除此之外，构成话语的各个单元之间的语义关系以及相互联系的方式也是话语意义计算必不可少的研究内容。其次，自然语言处理的话语基础理论研究和涉及背景知识的语用计算研究还较为薄弱。对于计算机自然语言处理而言，汉语话语语义关系的识别以及语境的计算还处于初级阶段。

计算机自然语言处理水平还远远不能满足信息化社会的需

求。人们日常所接触到的自然语言多是以话语的形式呈现的，将研究对象提升到话语的层面对于自然语言理解（Natural Language Understanding，简称 NLU）研究而言势在必行。无论从理论层面还是实践层面来讲，话语意义的计算是值得深入研究的课题。自然语言处理（Natural Language Processing，简称 NLP）包括自然语言理解和自然语言生成两部分，对话语意义的计算研究，只涉及话语理解的部分。

1.2 选题缘起

话语语言学的研究主要以话语交际中的整体性特征为研究对象。例如，话语的语法特征和构成规则、结构模式、语义、语用以及认知因素在话语生成和理解过程中的作用、话语分析的理论和方法、语体变异及话语体裁的研究等。话语语言学的发展方向，是将认知与计算相结合，促进计算机对自然语言的处理，话语意义的可计算性研究就是依据人脑处理信息的方式，以认知为基础，面向计算，针对自然话语做出计算的分析模型，从而为人工智能的发展做出贡献。

计算机对话语自动分析的终极目标是使其能够理解话语的含义，但由于自然语言具有复杂性，主要体现在两个方面，一方面，汉语的歧义和言外之意；另一方面，一种话语的含义可以有多种表达方式，造成了自然语言理解的障碍。因此要想使机器理解自然语言，首先要基于人类的认知，其次需要大规模的背景知识。于是，如何通过话语的表层形式特征控制话语连贯关系，成为话语语义关系识别的主要内容，通过动态语境约束话语的字面义成为话语意图理解的核心。这将在人机互动、自动文摘、机器翻译等具体的实践领域都有很高的应用价值。

1.3 本研究的意义和创新之处

1.3.1 研究意义

自然语言处理从词法分析到句法分析，再到语义分析，已经取得了一定的成果。自然语言理解系统的智能化不断地向人类的智能靠拢，但若想使自然语言理解系统达到人类理解自然语言的高度尚有很长的距离。

自然语言处理的发展对话语分析的研究起到了重要的推动作用。处理单位从词、短语和句子逐渐转向话语。利用话语信息进行应用的系统包括机器翻译、文本摘要、自动会话、机器阅读理解等。同时，话语分析也可以为词、短语和句子的分析提供更多有用的信息。

智能计算本质是基于自然语言的计算。在人工智能领域，如果要使计算机智能化，需要模拟人类的智能，同样以语言作为计算的媒介。计算原本的意义是数字的处理和操作。语言的计算通过规则对词串和句子进行处理和操作，这使得话语研究在人工智能高度发达的今天成为计算过程的中心。

　　大规模自然语篇的自动处理是话语意义计算的最终目的，因此意义问题是话语计算的核心任务。隐式关系的发现和深层关系的推理将成为智能的主要体现之一。基于此，本研究主要从理论和实践层面对话语意义的可计算性进行系统的阐释，将可计算性分成两个部分：第一部分为语义关系的可计算性，从语言表层入手，使话语结构从线性的文字序列转化为可被计算机识别的有结构层次的语义关系。第二部分为话语意图的可计算性，从认知的视角梳理出面向计算的话语意图的理解框架，我们通过语境条件约束话语的含义，从而理解话语的意图。

1.3.2　创新之处

　　本研究聚焦于面向计算的话语意义的理解，从"话语语义关系的可计算性"和"话语意图的可计算性"两个角度探索了话语意义的可计算性。Sperber 和 Wilson（1995）从关联性的角度出发，认为话语的意义是由语境决定的。同时，他们提出在理解话语的过程中，人们预先假定待处理信息的关联性，在此基础上设法选择一种语境，使其与之前的假设呈现最大化的关联性，此过程即为话语意图的理解。计算机对话语意义的处理是通过模拟人类认知计算的方式，依据关联理论提出的话语意图的理解过程，首先对话语的语义关系进行识别，这属于浅层的话语语义关系的判断，根据形式符号使计算机理解话语之间的逻辑关系，而后通过背景语境知识约束话语的语义，从而实现对话语意图的理解。

1.4 本研究的内容和组织结构

本研究对话语意义的可计算性进行了详尽的阐述（图1）。第四章和第五章为研究的主体部分。全书分为六章，具体内容如下。

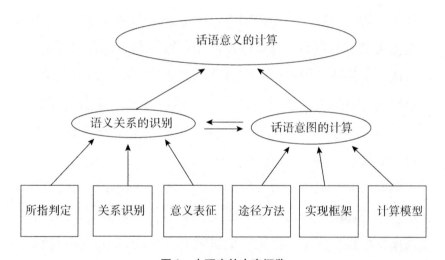

图1 本研究的内容概览

第一章为绪论，主要说明选题的缘起、研究的意义、创新之处以及全书的内容和组织结构。

第二章为话语意义计算的相关研究，主要从话语意义研究的角度和自然语言处理领域话语意义的相关研究这两个方面进行文献综述。话语意义研究的角度从修辞学、语用学、认知心理学、计算语言学等领域分别进行了阐释。自然语言处理领域的话语意义研究，分别从词汇、话语结构以及背景知识这三个层面总结国内外的话语意义的计算的研究现状，旨在说明本研究与前人研究的联系与区别。

第三章为话语意义的研究内容及可计算性问题。首先，对话语意义的概念作了界定。其次，提出话语意义可计算性研究的内容。最后，从认知和计算两个方面对话语意义的可计算性进行阐述。

第四章为面向计算的话语语义关系的识别与理解。主要从所指判定，话语连贯关系的识别以及话语语义的表征方法这三个部分对语义关系的识别与理解进行阐述。第一部分结合实例论述了词汇链、事件链的构建以及同指消解的方法。第二部分从话语标记语的角度对局部与整体连贯关系、话语单元以及话语显式/隐式关系的识别这三个层次展开讨论。第三部分对比分析了线形、树形、盒形这三种话语语义的表征方法。

第五章为话语意图的计算。首先，本书从认知的角度介绍了话语意图计算的途径与方法。其次，本书讨论了话语意图计算的实现框架。最后，本书提出了话语意图计算的模型，并对模型的实验结果进行了分析。

第六章为结论与展望。首先，对研究发现进行了总结和分析。其次，指出本研究的局限性，展望了未来的研究内容和方法。

1.5 术语界定

在本书撰写之前，我们有必要对书中经常用到的一些基本术语进行界定。

话语意义，指面向计算的话语意义，主要针对话语的理解过程，不涉及话语生成的部分。

可计算性，指根据话语计算的内容和条件，抽象出可形式化表征的结果，通过算法实现形式模型，达到计算机对话语意义的理解。

语法性词汇标记，指语法意义上的标记成分，属于连接性标记成分。例如，连词、连接副词和介词词组等。

语义性词汇标记，指词汇意义上的标记成分，属于非连接性标记成分。主要由实义词或实义短语充当。（梁国杰，2015）

话语连贯关系，指构成话语的句子形式上前后连贯，语义上互相关联，意在实现话语生成者的交际意图。话语中各个句子或语段之间的语义关系是话语连贯性的主要体现，这些语义关系又称为话语的连贯关系（coherence relations）。

显式连贯关系，主要由语法性词汇标记来识别，其集合的封闭性为计算机自动识别语义关系提供了依据。

隐式连贯关系，指缺少语法性词汇的标记的小句之间的关系。

论文中出现的语篇、篇章和话语不做具体区分，均表示待分析文本。

强不适定问题（strongly ill – posed problem），指在自然语言处理过程中，通过形式模型建立的算法无法满足全部的问题求解要求，这种情况下，需要加入适当的约束条件（constraint conditions），将部分问题转化为"适定问题（well – posed problem）"进行求解。

话语标记语，指用来提示连贯关系的一种语言手段，也可称为话语联系语（discourse connectives）、连接词（conjunctives）等，汉语语言学界通常将这类不直接表达命题内容的词或短语称为关联词语，它们标记话语的连贯关系，却与被论及事物的本身无关。（李佐文，2003）

共同心智状态，指"共享知识（shared knowledge）""相互知识（mutual knowledge）""共同背景（common ground）""共同知识（common knowledge）""共享内容（shared content）""相互信念（mutual belief）""共享信念（shared belief）"这些具有共享信息的概念。

语境，指言语交际的环境，分为三类：一是上下文语境，即以目标词所在句为中心，其前后范围内的句子；二是现场语境，即言语交际的时间、空间环境，包括具体的物质环境及其性质特征；三是背景语境，包括个人和社会文化背景。（孙维张，1991：84 – 85）

2　话语意义计算的相关研究

2.1　引　言

意义问题一直是话语语言学关注的核心问题，意义于哲学而言属于经验范畴。神经科学家把意义作为一种功能关系，通过联想将世界知识和知觉联系起来。心理学认为意义是一个信息概念，研究内容包括信息的输入、加工、储存和输出。在人工智能领域，意义作为表征的对象，话语意义的生成过程就是计算机计算话语意义的过程。

本章主要从话语意义研究的角度以及自然语言处理领域话语意义的相关研究两个方面进行综述，主要涉及什么是话语意义和现阶段话语意义计算的方法有哪些。对于理论定位的研究又从修辞学、语用学、认知心理学、计算语言学的角度分别进行了阐释。对于自然语言处理领域的话语意义研究，本书分别从词汇、话语结构以及背景知识这三个层面概述国内外的话语意义计算的研究现状，旨在说明本研究与前人研究的联系与区别。

2.2　话语意义研究的角度

本书试图从修辞学、语用学，认知心理学和自然语言处理领域这四个方面给予阐释，探讨了话语意义研究理论的演进方向：从修辞学转向语用学，从语言学、哲学转向认知心理学和计算话语学，从静态的解释走向动态的解释。

2.2.1　话语意义的修辞学研究

修辞学主要研究语言的表达效果。陈望道（1976：3）认为修辞是一种努力效果，通过语辞的调整可以使达意传情更加适切。王希杰（1983：299）提出修辞学是提升语言表达效果的规律的科学。他们都把修辞学的重心放在表达效果上。修辞学的核心是如何更好地处理意义问题。因此，在对各种修辞手法的解释中，修辞学均涉及与话语意义建构相关的一些现象。

传统修辞学的理论目标是研究提高语言表达效果的规律。该目标建立在这样的理论假设之上：要表达的意义是预先明确的命题，表达就是通过某种合适的语言形式输出事先已经明确的意义。换言之，话语的意义并非建立于言语交际的过程中，而是在交际之前就已经存在了，修辞就是要保证用恰当的语言形式将这些预先存在的"意义"表现出来。从方法论的角度而言，意义是静态的。

传统修辞学对意义的解读有其自身的局限性，并不符合现实中言语交际行为过程。一方面，应该界定已知的事实或者意义的概念和存在方式；另一方面，在具体的言语交际环境下，对待相同的话语，不同个体会产生不同的理解。诚然，在话语表达的研究方面，传统修辞学做出了一定的贡献，但对于话语意义理论的研究还不够深入。如果以认知心理学为切入点进行研究，其结果与传统修辞学大相径庭。认知心理学认为话语意义并非是静态的已知的信息，但并不否认传统修辞学中强调交际者的知识背景和言语环境对于话语意义的影响。同时，认知心理学提出话语的意义是动态的，并以认知背景知识作为参考因素。因此，从认知的角度研究话语意义更加切合话语意义的发展方向。

2.2.2 话语意义的语用研究

索绪尔将语言视为一种符号系统。（高名凯，1980）美国哲学家、现代符号学创始人之一的莫里斯（C. W. Morris，1989），在《指号、语言和行为》中，他将语法学、语义学和语用学归为符号学研究的三个领域。这三个领域分别研究：符号与符号、符号和现实之间以及符号和使用者之间的关系。语用学研究的内容与言语交际的实现过程息息相关，其中包括交际过程中话语意义的生成和理解，从而补充并完善了话语意义在修辞结构研究中的局限。

语用学的发展得益于哲学的研究。对于语言的意义，语言哲学家们所秉持的观点分成两派，一派是弗雷格（G. Frege，1848—1925）、罗素（B. A. W. Russel，1872—1970）为代表的语言哲学家支持逻辑实证主义。他们认为应该基于逻辑的角度，从探究自然语言的逻辑意义入手，提出自然语言具有模糊性，必须尽快建立人工语言或者更加完善的理想语言。他们主张利用真值条件定义句子的意义，即句子的真值是用来判断句子意义的唯一标准。如果一个句子是有意义的，那么它必定能被证明出真假。很显然，仅从逻辑的角度来评判日常交际过程中句子的意义并不适当。因为很多在现实言语交际行为中的句子，并不能仅凭逻辑真假值，就判定话语的意义。例如，"你在做什么？"我们如果从逻辑的角度评判这个句子，结果是非真非假，然而它却是有意义的。

另一派是以奥斯汀、赛尔等为代表的日常语言学派。他们区别于逻辑实证主义的真假值判断，更加关注自然语言的使用，并探究其用法。他们主张句子的意义是在人们交际使用中生成的，换言之，但凡说出去的句子都是有意义的。句子的意义与其真假值无关。分析哲学家维特根斯坦于 1953 年，在《哲学研究》中提出："一个词在言语中的用法即为这个词的意义。"话语的意义受诸多因素的制约，包括逻辑实证主义提出的语言的逻辑意义和日常语言学派主张的话语使用的意义。

2.2.3 话语意义的认知研究

认知语言学认为话语意义是以交际意图为核心的一种认知构建。这种认知构建主要体现在话语交际过程中，使用者对各种知识的认知加工。人的认知内容——知识，以结构单元的形式被激活，然后结构单元间互相连接并重新组合，形成新的知识实体（knowledge entities）。由此可见，意义并非等同于世界的真值条件，意义是语言使用者在大脑中激活的概念或知识，认知加工的过程也是探究话语意义性质的一个基本命题。（陈忠华，2004：9－10）

话语意义可以看成以交际意图为核心，认知主体知识的一种临时组合状态。认知主体的知识包括系统知识、背景知识以及知识策略。话语意义产生的过程就是使用者对知识认知加工的过程。首先，需要对相关知识进行激活，即调动主体认知背景中与话语交际意图相关的知识。其次，进行相关知识的联接，主要表现在两个方面：一个是被激活的相关知识彼此发生连接关系；另一个是被激活的相关知识均指向交际意图假设，和交际意图连接。最后，知识的重组是在激活和连接后，挑选最佳连接的阶段。重组需要在各种相关联的知识连接中选择最符合话语意图的连接，从而实现对话语意义的理解。知识的重组和连接取决于话语意义的临时性，话语交际行为结束的同时，知识重组联接停止。如图2所示。（吕明臣，2005：143）

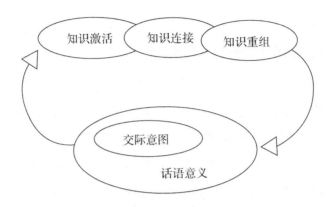

图 2　认知背景知识在话语理解中的动态过程

（吕明臣，2005：143）

在话语交际过程中，若干知识实体间通过构型依存关系进入连结网络，进而完成知识空间（knowledge space）的构建，此时的知识空间可视为话语的意群。在认知过程中，知识空间通过"控制中心"（control center）——知识的激活点，选取、移动和组织其他的认知成分，使知识实体以内容的方式相互接近并整合，进而形成具有认知域（domains）功能的知识组块（chunks），这种知识组块即为话语的段落。知识组块间随着认知的发展与其他组块在新层次上再次整合，此时知识已被储存（active storage）并等待随时被激活利用。以上即话语意义的形成过程。（陈忠华，2004：9-10）

认知过程是人脑处理信息的过程，揭示了人的心智是如何工作的。话语既是认知的对象，也体现认知的过程。从认知角度来理解话语，为话语意义的计算提供了可能。

2.2.4 话语意义的计算研究

通过以上对话语意义的考量，我们需要区分这样两种过程：话语交际过程和话语分析过程。在话语交际的过程中，话语的意义是在交际过程中产生或建构的。话语的意义离开交际行为是不存在的，它是随着言语交际主体的认知状况而变化的，这是一个动态的过程。

对于面向自然语言处理的计算机而言，它分析的是话语的成品，属于话语分析过程。计算机理解话语意义可被视为一种自动化的话语分析活动。首先，识别语义特征，它是话语分析者以语篇成品的形式特征为依据所进行的一种语义重构，这种语义重构的结果表现为一系列的连贯关系，进而形成一定的语篇结构。语篇分析者通过识别这些连贯关系和语篇结构来最大程度地理解语篇产生的话语交际过程。（梁国杰，2015）其次，理解话语交际的意图，交际意图是话语交际的目的，更是理解话语意义的核心，语境决定了话语的意义，在话语交际过程中，话语分析者通过调动他所认知到的与话语交际相关的语境，从而理解话语的交际意图。

话语意义的计算研究主要关注话语意义的可计算性及其实现的问题。一方面，需要通过一定的技术手段对话语的语义关系进行自动识别；另一方面，需要研究如何通过约束话语的语境来有效地降低句子所产生的歧义，从而提升计算机自动分析话语意义结果的准确率。

2.2.5 话语意义研究的演进方向

以上我们从修辞学、语用学、认知心理学以及计算的角度对话语意义的理论研究进行了综述，从中也可观察出该理论的发展过程的趋势，在研究内容上，以学科领域进行划分。在研究方法上，从静态解释转向动态解释。

2.2.5.1 从修辞学转向语用学

修辞学中已经涉及对话语意义问题的探究，但对言语交际整体性而言还存在局限。话语意义属于语言运用的范围，而修辞学对话语意义的研究是为了解决修辞效果中遇到的问题，并非其研究的中心问题。语用学关注言语交际过程中，语言使用者对于话语意义的生成和理解是如何处理的。因此，话语意义成为语用学研究的主要课题。

2.2.5.2 从语言学、哲学转向认知心理学和计算话语学

话语意义是各学科都关注的共同问题，如语言学、哲学和心理学等。但各学科对话语意义的研究侧重点存在差异。语言学关注语言形式与话语意义之间的互推过程，即相同的形式可以表达不同的话语意义，或者相同的话语意义可以用不同的形式表达。哲学则侧重话语交际过程中如何通过表层命题推断暗含意图，或者如何通过话语的字面意义推理话语的命题意义。认知心理学从认知加工的视角探究话语意义，认为认知加工的过程就是话语意

义的理解过程。计算话语学对于话语意义的研究主要从语义关系和语境入手计算话语的意图。

话语意义研究的演进方向为：从修辞学到语用学，再到认知语言学，最后到面向计算的话语研究。从话语意义研究的演进方向，可以观察出话语理论的研究转向，正在从人类本身的言语交际和心理过程的研究转到模仿人类的自然语言理解系统的研究。

2.2.5.3 从静态解释走向动态解释

话语的意义通过话语交际形成，包括两个层面，话语交际中要表达的意义和被理解的意义或者建构的意义。对于话语交际中要表达的意义，话语意义与言语行为并无直接关系，可以脱离言语行为而存在。它从静态的角度解释了话语交际行为中话语的意义，主要关注话语意义在话语交际中是如何被表达和理解的。对于话语交际中建构的意义来讲，是言语交际行为使得话语意义存在，从动态的角度诠释了话语交际中的话语意义，及其在话语交际中被构建的过程，这个过程根据话语交际主体的认知情况进行调整。修辞学对话语意义的研究是基于静态的角度，而关联理论的提出者 Sperber 和 Wilson 通过探求最佳关联的方式，从动态的角度研究话语意义。同时，从动态的视角对话语意义进行推导的还有言语行为理论，以及会话含义理论。计算话语学也提出，对话语意义的理解需要通过动态语境知识库进行约束，承认了话语意义动态研究的必要性。

2.3　自然语言处理领域对话语意义的相关研究

2.3.1　基于词汇的话语意义研究

词汇链理论（Lexical Chain Theory）由 Morris 和 Hirst（1991）提出，他们把共同主题下意义相关联的词所组成的词序列称为"词汇链"。对于词汇链的算法也相对容易理解，即在语义层面上，如果特定的主体被多个词语进行描述，那么这些词语相互间的语义相互关联，从而形成一条相关词汇的链条，即词汇链。可以通过词汇链来观察任意语言片段中主题的指示。对于文章的结构的分析，就可以通过多条词汇链在文章中的分布情况获知。从话语连贯的研究方法来看，这属于静态的研究。

应用词汇链理论最典型的代表是文本分割。同时，这也印证了 Morris 和 Hirst 提出该理论的初衷。分析方法如下：首先，确定词汇分布链条，通过文本片段中对同一主题或相同事件的描述进行判断。其次，推断主题结构，可根据上一词汇链条的分布情况推断出文本的主题结构。例如，"比分""投篮""抢断""盖帽""赢得"等，这些词聚集在体育新闻报道的文章中，因为它们都是有关体育运动场景的词汇。词汇链的构建方法在自然语言处理领域有很多应用，如文本检索、信息抽取等。

中心理论（Centering Theory），由 Grosz 在 1995 年提出，用于

研究话语结构中关于焦点、指代表达式选择，以及话语一致性的问题，通过观察句子的"中心"转变理解文章的意义。当前句子与其他句子围绕中心实体互相关联，具备中心实体的句子一定不是独立存在的，它与上下文之间必然有某种关联，进而保持文章的连贯性。"句子（Sentence）"与"语句（Utterance）"被 Grosz 等人用来指代与上下文相关联的中心实体，他们用中心来承担组成话语的基础成分。

中心理论提出，任何句子都是由三个中心组合而成：用来指示上文的表述语义承接的前中心，用来指示上文的描述中心，以及当前句中，用来表示语义转移的后中心。

中心理论的特点是预测，通过相邻句子前后中心的改变可以预测其后句子焦点的模型，它的提出并非是要解决某一具体问题，而是通过焦点的变化更加快速地理解句子的含义，也有助于对段落结构的掌握。句子通过中心延续、中心回复、中心转移可以解决指代消解问题。此外，中心理论还可应用于上下文的连贯性分析。中心理论也有局限性，由于其重点关注句子间的中心改变，因而缺少对话语宏观整体的考虑。

篇章连贯性理论（Discourse Coherence Evaluation）也是以研究篇章语义分析为核心，并一直是学术界关注的重要理论。篇章连贯性理论起初受到 Grosz 等人（1995）提出的"中心定理"的启发。因为中心理论的研究重心是句子焦点的变化，从而体现了篇章的连贯性。目前有关篇章连贯性分析的研究发展迅速，相对于中心理论具有更强的操作性。

综上所述，基于词汇的话语意义计算的研究主要根据词汇间的语义关系体现话语的意义。不同的理论从不同的层面研究话语的意义。通过语义相互关联的词汇或实体在文章中的分布信息，呈现话语的结构信息以及句子间的语义关系。如上文中词汇链理论（Lexical Cohesion），它通过分析名词、形容词等语义信息，使之形成一条主题词汇链，再通过这些词汇间的分布和转移方式解读话语意义。中心理论（Centering Theory）和连贯性分析主要分析实体，通过共指实体和相关实体的分布和重现分析话语信息。

以上理论的研究比较完善，而且有很强的操作性。以词汇为研究对象分析话语的意义的缺陷为其表现力相对较弱，以关联为核心刻画语义关系，导致对语义类型的分类不细致，如详述关系、递进关系等没有更具体的区分。另外，对于话语结构复杂的篇章而言，仅凭词汇衔接判断话语结构不够精确和全面。

2.3.2　基于话语结构的话语意义研究

2.3.2.1　基于修辞结构的话语意义研究

以修辞结构为核心话语意义的计算，目标是识别文本块之间的语义关系，如因果关系，转折关系等，因此也称为修辞关系的识别。根据切分文本的方式划分，可将研究方法分为两类：一类将文本分割为彼此不相交的语义单元，通过分析文本切割后各个部分之间的语义关系和结构组成为核心。如修辞结构理论（Rhetorical Structure Theory）和篇章图树库（Discourse Graph Bank）；另一类无须对文本预先切分处理，而是通过识别话语关系和元素的位置，进而再识别话语的语义关系类型。如宾州篇章树库理论（Penn Discourse Tree Bank）。下面我们分别介绍三种理论具体切分文本的方法。

修辞结构理论（Rhetorical Structure Theory，RST）最先由Mann 和Thompson（1988）提出，其后，Marcu（1997）在其博士论文中分析了 RST 理论，然后基于此理论研究了自然语言文本的算法，对 RST 理论进行了更加深入的研究。一方面，通过 RST 理论识别提示语（Cue Phrase，简称 CP），并将语言证据分散开，以形成若干的子句；另一方面，通过建立修辞结构树形成有结构的文本。RST 理论通过分析文本结构，判定文本单元之间的语义关系，层层构建整个段落乃至整个语篇，使之成为一棵有结构的RST 树。RST 理论的主要观点可概括为以下三个方面：第一，话语由文本单元构成，各文本单元具有不同的功能；第二，基本话语单元（Elementary Discourse Unit，简称 EDU）为话语切分的最小语义单元，基本话语单元和基本话语单元之间可组成较大单元，直至生成最终的 RST 树；第三，文本单元之间通过修辞关系进行标示，表明其间的连贯关系。（王伟，1994）

RST 中的关系类型是一个开放集，可以随着新关系类型的出现逐渐添加。然而对于大多数话语来讲，都是由少量的基本关系集组成。修辞结构理论体系对常用关系集进行了界定，表 1 列出了 RST 的常用连贯关系。修辞结构理论的连贯关系集的开放性，决定了其集合的灵活性和多样性。研究者可依据研究对象的特性对关系集中关系的数量和类别添加或删减，以适合研究需要。

表 1　RST 中常见的修辞关系类型

Rhetoric relations in RST

关系类型	英文名称
环境关系	Circumstance
目的关系	Purpose
解答关系	Solutionhood
对照关系	Antithesis
阐述关系	Elaboration
让步关系	Concession
背景关系	Background
条件关系	Condition
使能关系	Enablement
析取关系	Otherwise
动机关系	Motivation
解释关系	Interpretation
证据关系	Evidence
评价关系	Evaluation
证明关系	Justify
重述关系	Restatement
综述关系	Summary
序列关系	Sequence
对比关系	Contrast
意愿性原因关系	Volitional Canse
非意愿性原因关系	Nonvolitional Canse
意愿性结果关系	Volitional Result
非意愿性结果关系	Nonvolitional Rsult

RST 通过自底向上建立的树图使修辞关系结构更加清晰地予

以描述，目标文本通过自底向上逐层的分析，直到不能再分，进而得到篇章修辞结构树，如图3所示。（Mann W C，Thompson S A.，1988）

　　首先文本需要以文本单元的形式进行切分，然后确定是否有跨段及文本单元相互之间的关系，其后除去非良的结构树，最终对已切分好的树进行消歧，并解释和分析可能存在的多种结果。

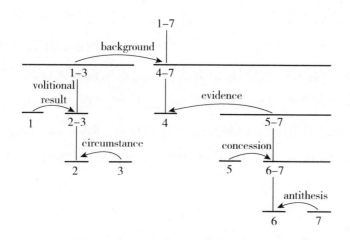

图3　RST 分析结果：篇章修辞结构树示意图

An example of rhetorical tree

（Mann W C，Thompson S A.，1988）

　　虽然目前修辞结构理论应用于汉语的研究已经很多，但仍处于起步阶段，在现实中并没有深入的开发应用。该理论在汉语中的应用存在局限，想要利用RST对汉语篇章进行分析有些问题尚待解决。俞士汶（2003：71）认为这些问题包括以下几个方面：首先是关系类型的数量问题，针对汉语需要准备多少种关系类型。其次是对于语言片段关系的判断问题，怎样通过语言片段所具有的形式特征来判断其间的关系。最后语篇基本单元的切分以及识别问题，即语篇基本单元应该以多大的语言单位切分合适，切分后要通过怎样的形式特征准确识别出它们。以上问题有待在进一步的具体实践中逐步解决。

篇章图树库（Discourse Graph Bank）由 Wolf 和 Gibson 于 2005 年提出，他们认为用图而非 RST 中的修辞结构树表示篇章更为适合。在之后的文章中，他们建设了由 135 篇文档构成的篇章树库资源，并对篇章的表示方法，树结构和图结构进行了详细的讨论和区分。他们认为以图标的方式表示文本结构，优点是可以使文章的不同内容表现形式更加自由，进而使信息的获取更加丰富。图 4 和图 5 中解释了两种理论各自的特点，Discourse Graph Bank 和 RST Discourse Tree Bank 都对两例给予标注。（Wolf and Gibson，2005）。

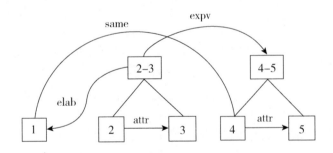

图 4　篇章图树库（Discourse Graph Bank）
The annotation example of discourse graph bank
（Wolf and Gibson，2005）

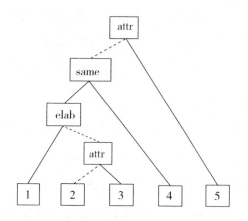

图5 修辞结构理论标注实例

The annotation example of RST（Wolf and Gibson，2005）

我们挑选出上图中对于相同文本两种标注结果的示例。对比后发现，篇章树库描述的文本关系互相之间可以重叠或者交叉，用图状表示更侧重于关系的丰富性。相对于修辞结构树，主要突出文本关系的可操作性和一致性，其严格的层次化表示，使得计算机对文本的处理相对容易。通过观察，就表现能力而言，篇章树库的直观性要好于修辞结构树。但篇章树库也有其局限性，正如 Marcu（1997）所提出的结构的自由和丰富自然会导致歧义的产生，如何在标注中保持统一标准，是下一步有待解决的问题。

宾州篇章树库理论（Penn Discourse Treebank，PDTB）是宾州大学的研究人员采用的通过以词汇为核心对文本关系进行分析的研究方法。（Webber，B. L.，Joshi A. K.，2003）具体操作方法如下：首先，选取篇章关联词，从语义的角度判断相邻文本单元之间的逻辑语义关系，如递进关系，条件关系等；其次，构建篇章关系树库（Prasad R，Dinesh N，Lee A，et al. 2008），进而使句间的分析结果逐步扩展成为整个语篇的语义信息。

PDTB 的提出为篇章语义分析提供了解决途径，它促进了自然语言的处理应用，包括文本连贯性评价（Feng V W，Lin Z，Hirst G.，2014）、倾向性分析（Somasundaran S，Wiebe J，Ruppenhofer J.，2008）、自动文摘、自动问答（Girju R.，2003），文本质量评价（Pitler E，Nenkova A.，2008）等。

PDTB 标注体系强调连接词在话语修辞关系中的作用，连接词作为话语单元间的标识，将话语单元间的关系分成两类：一类是有关联词的显式篇章句间关系（Explicit Discourse Relation）；另一类是无关联词的隐式篇章句间关系（Implicit Discourse Relation）。隐式关系在无关联词协助判断情况下，给推测语义关系类型加大了难度，识别率很低。

由于关联词对篇章句间关系的提示，使得判断句间关系相对容易。Pitler et al. 统计关联词的识别特征，通过无指导方法判断显式篇章句间关系的类型，成效很好，以此验证通过关联词来识别显式关系的可行性。（Pitler E，Raghupathy M，Mehta H，et al.，2008）与此同时，Piter et al. 利用有指导模型方法实现显式关系的识别，通过与关联词相关的标准句法特征提升显式关系的识别性能。（Pitler E，Louis A，Nenkova A.，2009）

隐式话语句间关系由于缺少关联词语的提示加大了识别难度。相对于显式关系的识别，隐式话语句间关系只能通过分析词汇之外的信息进行识别，如事件关系特征（Chiarcos C.，2012）、实体特征（Louis A，Joshi A，Prasad R，et al.，2010），以及句法限制（Lin Z，Kan M Y，Ng H T.，2009）等。到目前为止，如上研究对于隐式关系的识别效果并不理想，关键原因在于缺少关联词提示的情况下，想要识别语义关系类型，需要大规模的背景知识资源建设。(Lin Z, Kan M Y, Ng H T., 2009)

2.3.2.2 基于话题结构的话语意义研究

主题模型理论（Topic Model）主要基于词袋（bag of words）模型，研究中不考虑语法和词汇顺序，将整篇文档视为词汇集合，分析方法为计算文字或文档和主题之间的概率关系。例如，概率隐含语义分析（Probability Latent Semantic Analysis, PLSA），隐含语义分析（Latent Semantic Analysis, LSA）等。

2.3.2.3 基于功能结构的话语意义研究

基于功能结构的话语意义的分析，切分依据文本中各部分的结构功能。例如，议论文章通常包括如下部分"定点——确立中心""辐射——文章分论点""添加——举例引用""完善——提炼文章首尾"。因为结构功能不具有普适性，体裁的差异也会导致文章结构功能随之改变，所以，基于结构功能的研究多数以应用为主，通过应用场景确认进而有目的性地识别篇章的结构。

Cohan 和 Goharian（2015）将文章分析体裁定位在科技文研究，他们通过对篇章每一部分功能结构的分析，探寻自动摘要语句生成的证据——科技文献间的引用方式。研究表明，语句间的连接方式是通过篇章的功能结构实现的，因此，他们以文章的功能结构作为自动摘要生成的切入点，举例说明：（1）介绍问题；（2）模型假设；（3）方法、实验、发现、结果、影响。

　　基于结构功能进行语义分析的应用还有自动生成作文和评分的相关讨论。Song et al. 以篇章中的"Cohesion"信息作为切入点，识别作文中的篇章元素、"主旨大意"和"支撑观点"等类似的功能单位。（Song W，FuR，LiuL，et al.，2015）在具体应用的过程中，可以根据研究者的需求，对结构功能的提取元素进行调整。除上述分析内容外，我们还可以定义论点、论据、论证方法，等等。

　　综上所述，基于话语结构的话语意义的计算研究，主要分两步展开：首先，需要将文本的整体语义内容进行切分，通过文本块之间的语义关系形成修辞结构；其次，将这些修辞结构对应相应的语义关系类型，如递进关系、条件关系等。如果从结构上观察文本块之间的结构形，那么修辞结构理论（RST）呈现树形结构。宾州树库理论（PDTB）和篇章图理论（Discourse Graph Bank）主要由线性结构组成，不排斥交叉和语义关系的跨越。相对于基于词汇的语义关系的识别，以结构为核心的话语语义关系的计算识别方法更具有表现力和实用性。对于给定的文本，依据修辞结构和语义关系的判定，便可以得到一定程度的话语语义信息。

　　基于话语结构的话语意义的计算研究的局限性，主要由于篇章结构分析复杂，为了提升可操作性，修辞结构和宾州树库以篇章结构的部分假设为前提，对修辞结构以及语义关系进行分析，然而不能确保语义关系的完整性。和隐式关系识别存在的问题一样，对于结构修辞关系的识别，目前主要侧重挖掘篇章内部的特征，并未涉及篇章外的语义知识，因此，也影响了话语语义关系的识别结果。

2.3.3　基于背景知识的话语意义研究

2.3.3.1　基于语义词典的话语意义研究

基于背景知识的话语意义的计算研究，通常将背景知识等同于语义词典。国内外对于语义词典资源建设已经相对完善。例如，国外研究 Word Net 是通过词汇语义关系同义关系、反义关系、上下义关系构成的词典。Frame Net 是描述语言成分之间的组配关系的语义词典。国内研究如董振东开发的知网（How Net），是一个常识知识库，以概念为研究对象，主要描述概念之间及概念与其自身属性之间的关系。清华大学开发的《现代汉语述语动词机器词典》重点描述语义组合关系。北京大学开发的中文概念词典（Chinese Concept Dictionary，CCD），此词典以 Word Net 为蓝本。哈尔滨工业大学根据同义词词林（Cilin）开发了同义词词林（扩展板）。台湾中研院通过集成多资源开发了 Sinica Bow（the Academia Sinica Bilingual Ontology Word Net）等。

语义词典主要通过词语的上下位、词语之间的路径和词语所在分类中的深度等信息来计算词语之间的相似度和语义关联度。词语语义分析是篇章分析的基础，篇章的语义分析是从小单位到大单位逐渐推进的过程。以语义词典为背景知识的语义理解是话语意义计算的基本途径，现阶段有关篇章语义分析的内容，都关涉到语义词典知识库。

语义词典也有自身的不足，导致仅凭语义词典的表示进行的语义计算存在局限。例如，（1）词语类别受限，相对于实词，语义词典中覆盖的序次较少；（2）粒度小，这是自身词典的组成元素所导致的；（3）对于语义的表示能力受分类体系的制约；（4）上下文信息缺失，在文本中的词匹配到语义词典的过程中，不涉及上下文的信息，映射过程导致话语含义受影响；（5）静态语义知识，语义词典中的词义主要是静态知识，将词义在真实文本中的分布等信息隐藏。

2.3.3.2　基于在线百科的话语意义研究

在 Web2.0 时代，基于用户产生的内容聚集了大规模互联网信息，如维基百科（Wikipedia），它是利用集体智慧构建的在线百科的范例，通过在线协作式编辑从而形成多语言百科知识库，其中包括跨行业的大规模信息覆盖。Wikipedia 以概念为单位对页面进行维护，每个概念都对应全面多维的介绍。概念分类具有开放式特点，它从多角度阐释概念的层次分类。Wikipedia 页面中概念的超链接也正是基于其对概念层次分类的多领域、多层次的特点。

Wikipedia 所具备的大规模的语义知识为通过词匹配或者检索的文本提供了资源，这些资源映射到维基百科语义网络中对网络知识补充。Wikipedia 的局限性在于，大规模的信息为词匹配或检索提供多项选择的同时，也会由于页面中的信息烦冗，从而导致整个页面产生噪音。同时，与英文的 Wikipedia 完善程度相比，中文的 Wikipedia 质量还有待提升。

2.3.3.3 基于框架语义的话语意义研究

框架语义学（Frame Semantic）由 Fillmore C. J. 提出，是以格语法为基础，以词语意义和句法结构意义为核心的语义学理论。框架语义理论主张，人的认知结构以框架的形式呈现，而词汇的语义与认知结构直接相关，相同的词语处于不同框架中表达的语义也会不同。

该理论强调词语意义、概念结构以及情境之间的关系。概念结构是预先存在人的大脑中，词语意义与之相互联系，同时概念结构又与人的所处情境相关，关涉到具体实体属性、社会制度、行为模式等语义框架的约束。鉴于此，背景框架可以凭借个人的经验进行填充，通过框架定义具体的框架元素。

Frame Net V1.5 是以真实语料为依据，以框架语义学为理论基础的计算机词典编撰工程，该工程于 1997 年由美国加州大学伯克利分校开发，到目前为止仍在不断扩充。在现阶段，该系统涵盖了 960 个语义框架，包括 11600 个词汇，已经标注的词汇 6800 个，标注的例句超过 150000 个，系统仍在扩大完善。

鉴于 Frame Net 以认知框架为目标，通过词语进行描述，相继出现了以德语、日语、西班牙语等语言的语义框架资源建设。中文语义框架的建设以伯克利 Frame Net 提供的数据为参照，主要由山西大学的刘开瑛、李茹等构建汉语框架语义知识库（Chinese Frame Net，CFN），其中包括语义知识库内容的编写、辅助软件的开发和应用研究等。（You L，Liu T，Liu K.，2007）汉语框架语义知识库到目前为止对 1770 个词元（一个义项下的一个词）构建了 130 个框架，涉及 140 个形容词词元，1428 个动词词元，192 个事件名词（有配价的名词）词元，共计标注 8200 个句子，涉及词语的领域包括：认知领域、科普文章以及法律。（HAO X y，Liu W，Li R，et al.，2007）CFN 目前已经用于相关支持的应用。

框架语义适用于话语语义分析，原因主要在于，认知结构以框架抽象为概念，而通过识别文本中不同词汇元素所属的框架，判断框架间的关系即可分析文本块之间的语义关系。由于 Frame Net 是经过人工编撰的语义信息，就语义信息的精确度而言，明显高于自动捕捉的语义信息。目前 Frame Net 已应用于篇章关系分析（Li R，Wu J，Wang Z，et al.，2015）和语义角色标注（Palmer A，Sporleder C.，2010）等任务。

2.3.3.4 基于脚本理论的话语意义研究

脚本理论是由 Schank 和 Abelson 于 1977 年提出的，主要强调人脑中的知识结构及其场景式描写。脚本理论是基于 Schank 在 1975 年提出的情景依附理论，该理论主要讨论语句中的词汇指向意义。脚本理论强调知识在人脑中的储存方式和人脑对语言的理解模式。

动态记忆模式以脚本理论为基础，以场景为描述对象。如去火车站买票等任务，通过图式化抽象出图式模型即脚本。（Schank R C，Abelson R P.，2013）人们在话语交际过程中，通常将话语内容置于脚本中以辅助交流，如果场景匹配已有脚本，唤起使用者对于相关脚本的信息，则更易于理解各自的意图。

Schank 于 1991 年将理论应用于实际，故事叙述研究的实际应用证明了脚本理论的应用价值，对人脑的思维计算的能力和言语分析能力的解释也印证了脚本理论的分析可行性。

综上所述，基于背景知识的话语意义的研究，首先需要背景知识资源建设，语义分析过程通过背景知识提供的语义信息展开。语义的计算根据背景知识库各自的特点选取分析：语义词典（Dictionary）和在线百科（Online Encyclopedia）知识库对于应用场景没有限制，适用于有大量语义信息需求的文本。框架语义学（Frame Net）通过动词搭建语义框架，语义知识通过抽象的提取作为框架，构建计算机词典，通过词典中的词义关联标示语义关系；脚本理论（Script Theory）主要关注应用场景，以场景间语义内容的不同描述分析文本。脚本理论提供了丰富的信息内容和完整的语义刻画，更便于计算机处理自然语言。

利用背景语义知识计算话语意义的局限性主要在于：首先，对知识资源的质量以及知识资源的覆盖率要求很高；其次，构建过程漫长，难以形成规模，想要穷尽所有现实场景需要大规模建立知识库，因而就实用性来讲，目前还有很多工作要完成；最后，以在线百科为核心的知识资源，爆炸的信息量导致噪音过大且精确度低。

2.4 本章小结

本章首先回顾了关于话语意义研究的角度，从修辞学、语用学、认知心理学以及计算语言学的角度对话语意义的理论研究进行了综述，从中可观察出该理论的发展过程和趋势。很明显，我们是以学科领域对话语意义概念的理论定位进行的划分，从研究方法来讲，则是从静态解释转向动态解释。话语意义在自然语言处理领域的研究，主要从词汇、结构以及背景知识三个方面建构语言知识库，通过文本中的相关语义信息匹配知识库信息，从而分析话语语义关系。在讨论话语意义计算之前，我们应先确定话语意义的研究内容及可计算性问题。

3　话语意义的研究内容及可计算性问题

3.1　引言

话语意义的计算研究，可以解读为话语的语义分析或者是话语的语义理解，如果我们以话语意义计算为目的，那么将其解读为话语的语义理解更合适。

基于可计算性理论的认知主义话语观，把话语看作一种可控制的符号系统及其操作过程，话语分析直指话语的认知属性和特征。由可计算性概念的定义推知：话语符号可以分解为话语形式和话语语义，而控制则可以理解为借助一定的话语形式处理话语语义，是语言使用问题。这一认知和实践为话语研究开拓出新的领域和前景。（陈忠华，2004：13）

我们将话语意义的计算分解成两个层面：一是对话语语义关系的识别；二是话语意图的计算。这样划分的目的是使计算机能够最大程度地理解自然语言，进而能够为人机交互，多种语翻译，信息检索等人工智能领域提供可利用的语言学资源。

鉴于我们研究的理论定位，本章从两个方面论述话语意义的可计算性问题：第一，从认知的角度阐述话语意义和心智可计算性的理据；第二，从计算的角度揭示计算的本质以及话语意义具备可计算性需满足的条件。

3.2 话语意义的概念界定

话语分析将意义问题作为其研究的起始点和目标。意义是什么？意义是如何产生、表达和理解的？这个关于意义的大问题是话语分析的出发点和探索目标。

意义是知识，话语意义就是语言使用者的知识，这是探索话语意义性质的一个基本命题。语言使用者的知识分为三种：关于语言的知识（又称系统知识），关于世界的知识（又称背景知识），关于程序的知识（又称知识运用策略）。（陈忠华，2004：9）

在认知框架内，话语是人类的一种社会活动，包括行动和互动，在话语研究中称为语言的使用。话语活动涉及一个基本问题，即语言是如何帮助人们理解世界，人们关于世界的信念又是如何反映人们对于语言的理解的。

一般地讲，话语意义的计算就是计算机理解自然语言的意义，并据此执行一系列需要理解语义的任务。但如果用语义理解解释话语意义的计算，就要知道什么是理解，以及如何判断一个自动机理解语义的标准，这就将问题的答案指向了意义。出于实用性考虑，当计算机可以独立完成一些操作时，我们视其具有理解能力。这些操作包括计算程序可以对输入文本中的相关问题给予回答，可以自动生成文本摘要，可以运用不同的表达式进行表达，具有自动翻译的能力。相比计算机，理解语言是人类智能的体现，是其特有的认知能力。那么如何让计算机具有与人类一样的智能？图灵在《计算机器与智能》（Turing，A. M.，1950）中指出了一种用来衡量计算机是否能够思考的判断标准，正是基于这样的理论定位，我们对话语意义的可计算性研究从两个角度予以阐释：一是基于认知的话语意义的计算；二是面向计算的话语意义的研究。以下我们分别进行讨论。

3.3 话语意义可计算性研究的内容

"话语"研究的对象是句子之间的关联问题，话语意义的可计算性研究从认知的角度揭示句子之间的关联机制。对于计算机而言，此过程为话语语义关系的自动识别。此外，受话人如何理解听话人的话语含义，这取决于听受双方的认知语境。如果将受话人替换成机器，那么对输入文本的理解则取决于语境对话语含义的约束。我们的目标是依据人脑处理信息的方式，基于认知、面向计算，针对自然话语做出的计算分析模型，从而更好地理解原文语义。研究主要关注的是话语的可计算性及其实现问题。

3.4　基于认知的话语意义的计算

3.4.1　话语认知计算的理据性

认知科学提出，将认知作为计算的假设对应于另外一个基本的预设，假定一个相对独立的组织层次存在于大脑，认知活动就是在该层次上发生的计算过程，这揭示了人的心智是如何工作的。如果这两个前提成立，那么联想到关于大脑的通用计算机隐喻，认知科学家将人脑处理语言的认知过程和计算机处理信息的过程进行类比。

认知科学从广义的角度理解计算，认为计算机是一种三元系统。B. C. Smith（1999：53）提出，计算机是一种"形式符号控制器（formal symbol manipulator）"。具体而言，计算依赖形式特征对语义或者意向性成分进行主动控制。依据此种理解可知，计算的三大要素为"形式""语义或者意向性成分"和"控制"。其中"形式"是指话语的结构特征，"语义或者意向成分"是话语的内在成分，可符号化，而"控制"则表现为时序性的主动过程。（陈忠华，2004：13）

话语的可计算性是基于话语的符号学性质。符号学研究基本从两大方向展开：索绪尔（de Saussure）建立起来的结构符号学（structural semiotics）和美国逻辑学家皮尔斯（C. Peirce）建立起

来的解释符号学（interpretative semiotics）（P. Violi，1999：744 -
745）。根据皮尔斯（P. Violi，1999）的观点，知识习得和思想
过程都不是即时、直接的过程，而是以符号为中间媒介发生的间
接过程。因为起媒介作用的符号同时也被另外的符号所解释，所
以符号过程实际上是一个永无止境的解释过程。知识的习得和思
想的建立就是在此解释过程中完成的。

在符号过程中，解释性符号（interpretants）是心智内在的符
号，也就是心理表征或思想，是中心元素，"思想 - 符号 - 认知"
成为一种三位一体的事物。每一个解释性符号或称为符号之符
号，都给思想和知识习得的过程赋予新的内容。如上所述，因为
认知过程不是直接的，所以推理在该过程中扮演了重要的角色，
也就是说，认知过程具有很强的推理特征。（陈忠华，2004：15）

由可计算性概念的定义推知：话语符号可以分解为话语形式
和话语语义，而控制则可以理解为借助于一定的话语形式来处理
话语语义，是语言使用问题。在此意义上，我们可以说，话语的
符号学性质决定话语具有控制特征，而控制特征是话语可计算性
的另一个理据，其主要表现为社会行动的主动性，话语处理（表
达或者理解）的过程性，以及话语系统的模型特征。

Van Dijk（1980：4 - 6；173；1985b：4）依据社会认知以及
心理学理论提出：话语不仅是言辞对象，而且表现为一种社会行
动或互动形式。J. Sinclair（1985：13 - 20）依据言语互动理论，
提出一种动态话语模型（dynamic model of discourse），该模型理
论的核心是描写话语特征的两个认知概念：话语指向性（direc-
tionality）和话语目的性（purposefulness）。综上可知，符号性和

控制性是话语可计算性的两大理据。

3.4.2 计算的心智观

在认知科学中，通常会提及心智、智能和认知这三个概念。我们对这三个概念加以区分。心智和人的大脑相对，用来指人的各种心理能力，如知觉、思维、理解等。智能指利用知识解决问题的心理能力，如判断、推理、想象等在新情况下能够做出反应的能力。认知由认知结构和认知过程组成，前者用来表示假设的心理实体组织，如短时记忆、长时记忆、图式等，后者是指以某种方式分析、转化或改变心理事件的一种操作，如记忆编码、思维、概念形成等。对认知的理解，主要从功能主义的角度，解释智能在人脑中是如何组织和工作的。

认知科学认为，认知的过程就是信息加工的过程，智能是一种遇到问题可以自行解决的能力，智能的基础是符号操作，即计算的过程。智能将系统外部的事件生成内部可识别的符号，智能通过对于符号排列重组的控制过程体现。基于此，符号加工系统是一切认知系统的本质，它通过各种规则的约束，进而形成具有特定语义解释的符号表达式。

认知科学对智能和知识的关系定义为：智能是知识的运用，知识是智能的体现。事实上，个体的知识结构决定其认知结构，是其以往经验和智慧的体现及发挥智能的基础。计算机科学认为智能是解决问题的能力，是知识提取和输出的过程。因此，他们提出了专家系统（expert system），这是一种以知识为核心的计算

机处理系统。换言之，所谓智能系统，是指系统需要涵盖一定量
的知识，且具备利用知识解决问题的能力。于是，知识工程
（knowledge engineering）作为专门研究知识的学科，在计算机科
学中应运而生。

心智是指人的全部精神活动，如思维、推理、意思等。心智
计算（mind computation）是大脑通过知识加工，对心理符号的计
算，也是目前智能科学研究的热点。因此，研究心智的可计算性
的目的，是因为它是联系人类的精神活动与人工系统仿真的桥梁
和纽带。心智的可计算性，为计算机提供了解释人类行为的理论
基础。

萨加德（Thagard P）提出，"心智的计算表征理解"
（computational representational understanding of mind，CRUM）为心
智计算的纲领，他认为思维是一种计算，并采用计算比拟的方式
描述和解释人类的知识习得和问题求解。他将心智比作计算机，
依据 CRUM 的表述，如果计算机将人的心智等同于物理世界中的
各种事物，并对其进行模拟计算，那么对思维最恰当的理解，是
将其视为心智中的表征结构，以及在这些结构上操作的计算程
序。心智的计算表征理解假定心智具有心理表征，类似数据结
构，而计算程序类似算法。以上可总结为思维的表征性。基本思
想可图解如图 6 所示。

程序		心智
	数据结构		心理表征
+	算法	+	计算程序
=	运算程序	=	思维

图 6　心智计算理论的基本思想（P. Thagard，1996）

人脑是具有数理功能（mathematical function）的处理装置，称为可计算性（computability），它是由计算的实质（the nature of computing）决定的。计算的实质则取决于对计算机特性的理解。

美国学者 J. Haugeland 于 20 世纪 80 年代初提出认知主义（cognitivism）这一与心智相关的概念，其核心观点是现实世界具有可计算性（B. C. Smith，1999：153）。认知主义话语观通过世界可计算性这一切入点，描写和解释话语现象。世界与话语的关系可表述为：世界是话语底层的心理表征，通过语言表层映射到话语。就话语而言，世界是一种互相联系的认知性事物，它所体现的是话语在使用中所传递的知识，同语言使用者心智中储存的知识之间的一种关联作用。话语的可计算性取决于世界的可计算性，话语的理解过程即计算过程，体现了计算的三大要素：首先，通过注意手段输入话语信息，同时，进行知觉处理；其次，接近话语底层的信息（知识），并使之概念化；最后，将概念转换成符号格式，并使之流向语言表层，针对流向过程中的概念内容与结构进行管理。（陈忠华，2004：6－10）

人类的语言能力是大脑的一种认知处理能力。如果计算机具备了这种能力，那么就达到了计算机理解自然语言的最终目标。

以上我们从认知的角度阐释了话语意义是如何计算的，下面我们从自然语言处理的角度讨论计算机处理知识信息的过程。

3.5 面向计算的话语意义研究

3.5.1 计算的本质

如果要计算话语的意义，首先需要考虑计算的概念和计算机的工作原理，在此基础上，进一步确定意义是否可计算。通常意义上的计算（computing），是指数值之间的特定运算，根据已知数值算出未知数值。对于计算机而言，如何将意义和计算相结合是极其复杂的。

B. C. 史密斯（Brian Cantwell Smith）认为有七个计算的版本，其分类反映出计算概念自身的复杂性。图灵指出，可计算性是指算法（图灵机）具有解决一个实际问题的能力，而可计算问题是指算法问题，即存在具有可计算性的算法问题。图灵机包含三个部分：符号集、状态集和控制函数。其中控制函数可以根据图灵机所处的当前状态和读写头所读到的带子上的符号来决定读写头的下一个状态。所以，计算是一个被规则所控制的过程。图灵于 1935 年提出了函数可计算的条件：当且仅当，函数是递归的和图灵可计算时，才能推出函数是可计算的。由此可见，凡是可以从某些初始符号串开始，通过有限的步骤计算的函数，与一般递归函数是等价的。基于图灵对可计算的定义可知：所有可计算的函数都是通过符号串的变换来实现其计算过程的，即计算就是符号的变换。（郝宁湘，2000）

可计算性蕴含机器与问题两个不同的层次。Michael Sisper（2002：165-170）将可计算性直接用可计算函数代替。所以在区分"可计算性（computability）"与"可计算的（computable）"时，图灵对可计算问题给出答案："如果一个函数的值能被某个纯粹的机械过程求得，那么此函数就是能行可计算的"。由此可见，可计算函数是需要前提的，此前提就是存在着一台可以求解函数值的机器。换言之，可计算性涉及"问题"与"机器"两个层次，以机器的能力为本，问题的性质为末。于是，用可计算问题代替可计算性，实际上忽略了可计算性蕴含的两个层次的关系，从而造成认知混淆。所以，对于可计算性的理解应该回到对机器能力的认知上，即回到对图灵机的认知上来。

图灵于1936年在《论可计算数及其在判定问题上的应用》中关于"图灵机"的论述中指出："按照我的定义，一个数是可计算的，如果它的十进制的表达能被机器写下来。"图灵强调预期的结果一定要被机器写下来，才能认为一个数是可计算的。接下来，他开始设计这样的机器，将之称为计算机器（computing machine）。图灵又区分了循环机器（circular machine）和非循环机器（circle - free machine），循环机器是因某些因素，如"死循环"而无法写下计算结果；而非循环机器没有这样的阻碍，能写下预期结果，体现了可计算性。然而，一台计算机器是否具有可计算性需要判断，这就是图灵这篇奠基性的论文的主题，回答可计算性的判断。

计算机需要遵照一定的算法计算函数值或者解决某一问题。要想计算自然语言的意义，首先，需要将处理的问题形式化；其次，需要相对应的算法，以便得到形式化的输出结果。（莱斯利·伯克霍尔德，2010：58）具体而言，对于待处理的问题，计算机要求：首先，需要进行形式化的表征，因为计算机对于符号串的形式变换，只限于有限符号集上的有限符号串；其次，需要用算法将待处理问题实现，因为只有根据算法的计算，才能使有限符号串转换成相应的目标符号串；最后，待处理的问题需要具有一定复杂度，但过于复杂的问题会导致指数爆炸从而不可计算。

以上主要阐述了计算的本质及计算机的工作原理。下面我们对话语意义的可计算性问题展开讨论。

3.5.2　话语意义的可计算性

语言计算研究的前提是确定可计算性（computability）问题。话语意义计算的研究方法，取决于对可计算性的理解。通常可计算性是指计算机是否具备解决某类实际问题的能力。一个可计算的问题是计算机可通过有限步骤解决的问题。

计算语言学分析处理自然语言的方式，主要通过建立形式化的数学模型，并通过计算机的程序实现模型。目的是让机器模拟人的语言能力。（俞士汶，2003：2）所以，语言计算的研究需要语言知识必须以精确且可计算的方式呈现，进而最大限度地使计算机效仿人类处理语言的能力。

人们开始寻求语言的认知功能与智能计算之间的模拟关系，尝试把语言作为计算的工具，也就是以自然语言为基础的智能计算。简言之，智能计算就是用词计算或词推理，这里的词是指词所负载的语义内涵。因为人类的推理大多数是通过以词为媒介的意义进行表达。人们用意义而不是用词句进行推理和推断。在此基础上韩礼德（Halliday）提出了计算意义（computing meaning）的概念，他指出，如果推理和推断是以计算的形式进行，那么这种计算就会通过语义表征进行。

知识是人工智能问题求解的基础。人工智能研究者的首要任务就是探寻最佳的知识表征方法。知识表征是指把已获得的有关知识，以计算机可以识别的形式加以合理地描述和储存。人类知识最自然的表达方式是自然语言，所以知识表征就是把一组表示某种情景的语句转换成该情景中各个部分之间关系的语义描述。同时，这种描述必须是可计算的。这就是人工智能研究对现代语言学家提出的任务。他们希望语言学家发展更实用的语法分析方法作为知识表征的基础。由于知识是以意义的形式表述的，如果我们能够通过句子形式得出其语义表达，那么也就意味着获得了知识的表征。因此，用语义系统取代知识库指日可待。

具体到话语层面的语言计算的研究，可计算性是指依据语言的表层形式特征，对话语的意义进行操作和处理。鉴于人类语言的复杂性，自然语言不能直接作为计算机处理的对象。这就需要先抽象出问题，进而再进行形式化的表示，并建立相应的形式模型。通过适当的算法实现模型。以上步骤构成了自然语言的处理过程。

3.6 本章小结

首先，本章从计算的角度对话语意义的概念进行界定。其次，介绍了话语意义可计算性研究的对象。基于研究的理论定位，我们从两个层面论述了可计算性的理据：第一，认知计算的理据性；第二，计算的本质和过程。最后，我们综合了认知科学和计算语言学二者对可计算性的观点，解释了话语意义具有可计算性的原因。

4　面向计算的话语语义关系的识别与理解

4.1　引　言

话语语义关系的识别属于浅层识别，是话语意图计算的前提，本章从词汇识别和结构识别两个主要方面探讨话语意义的计算研究。

话语语义关系的识别是计算机话语连贯关系计算的关键所在，可通过话语的句际连贯关系解释话语的意义。基于自然语言处理领域的话语意义相关研究表明，词汇链和事件链的构建以及指代消解都是基于衔接的连贯计算研究，衔接性通过词汇（或短语）之间的关系来表示上下文的关联，话题的演化与推进在很大程度上要借助于衔接性分析的结果。这就需要研究词汇层面的各种关系的计算方法和支撑相关计算所需要的语言资源建设来共同完成。

话语关系的识别和话语结构的表征都需要句际关系的连贯计算作为研究，连贯性则通过句子或者句群之间的关系表示，主要以句子为出发点研究前后文的语义关联，以期揭示内容的推演过程以及前后文之间的逻辑关系，这就需要研究合理的关系表示和关系分析的有效计算模型。

话语的形式化表示要以话语片段之间的连贯关系识别为前提，本章从话语的所指判定，话语连贯关系的识别与理解以及话语语义的表征这三个方面进行阐述。

4.2　所指判定

如果一个话语或一段文本被确认是连贯的，那么一定包含词汇链在其中，构成话语连贯的最基本的要素即词汇链。因此，话语中词汇链的构建是确保话语连贯的关键。

关于认知的指称问题研究的代表性理论有 van hoek（1995）的"概念参照指称模式（Conceptual Reference Point Model）"，Gundel（1993）等的"已知信息层级模式（Givenness Hierarchy Model）"，Ariel（1994）的"可及性分布模式（Accessibility Model）"，以及"关联搭桥模式（Relevance and Bridging Model）"，Matsui（2000）将其建立在认知语用框架的基础上。

以上理论对于所指判定问题所持的基本观点为回指的编码选择的判断是依据交际双方的认知预设进行话语选择，认知心理学更进一步指出所指判定的心理机制，即指称所指向的是心理实体或者说概念表征，并非是语言表层的实体。下面我们进一步讨论如何利用词汇链构建进行指称判定。

4.2.1　词汇链的构建

从词汇的层面探寻话语概念之间的关系。话语的衔接性分析和概念间的关系主要体现在指代、替换、省略以及词汇的衔接性。词汇的衔接又通过近反义关系、整体部分关系、上下位关系以及词汇搭配来体现。词汇链是通过这些具有衔接关系的词汇构建而成的语义链条。Morris and Hirst（1991）指出词汇链独立于篇章语法结构，但却共同表示出篇章的主题内容。

词汇链在构建过程中通常选择意义相关的名词作为候选词，通过词义的相关程度对已选候选词排查并构建词汇链，针对某一选定的候选词创建词汇链的顺序即文本发展顺序，以此考察其他候选名词是否符合加入词汇链的要求，如果意义相关则纳入此链，否则，另外生成其他词汇链。按照以上原则逐个筛选至排除所有候选名词为止。依此方法我们选取了人民网的一则新闻，并创建了该文本的词汇链。以下是有关春运期间有关留学生志愿者的一篇新闻报道，我们试图构建其词汇链并以此判断报道的主题。

春运路上的留学生身影：在志愿者服务中感受"中国年"

2018 年春运大幕已正式拉开。在西安火车站，来自哈萨克斯坦、吉尔吉斯斯坦等国家的 20 余名西北工业大学外国留学生，正以春运服务志愿者的身份，为来往的 旅客 提供**引导咨询**、**重点帮扶**、**应急救援**等**服务**。

留学生志愿者们根据安排，分布在西安火车站的各个岗位。在检票排队处**维持秩序**、为来往 旅客 **指引方向**、在自动售票机前协助 旅客 **快捷取票**……每一个岗位都可以看到留学生们积极**服务**的身影。

在西安火车站候车大厅里，同时开展的还有送春联等文化活动。"中国年，丝路缘，祝大家春节快乐。"统一穿着志愿者红马甲的留学生们手拿春联和"福"字，用标准的汉语向来往 旅客 表达着祝福。

留学生志愿者Ali 表示，参与春运志愿**服务**，使自己更加贴近中国人的日常生活，也切身感受到了中国的"年文化"，体会到了红红火火的春节氛围。

（来源：人民网－教育频道，2018/2/14）

从这段文本中我们可以判断7条词汇链：

词汇链1：春运－春联－中国年－春节－春联－春运－年文化－春节

词汇链2：西安火车站－西安火车站－西安火车站

词汇链3：留学生－留学生－留学生们－留学生们－留学生

词汇链4：志愿者－志愿者们－志愿者－志愿者－志愿－Ali－自己

词汇链5：旅客－旅客－旅客－旅客

词汇链6：引导咨询 – 重点帮扶 – 应急救援 – 服务

词汇链7：各个岗位 – 检票排队处 – 自动售票机前 – 每一个岗位

从以上7条词汇链可以看出组成词汇链1、词汇链3和词汇链4的相关词汇要多于其他四条词汇链，词汇链1、词汇链3和词汇链4对于整个篇章的贡献度最大，属于超强链。从这三条链便可知篇章讨论的主题。

判断篇章主题是词汇链的作用之一。除此之外，也可以通过词汇链相隔的距离研究话题的持续度。由于词汇链的组成单位是词汇，所以对于给定的文本可以通过几条超强链的组合形成文本关键词，关键词是形成文本摘要的基础，进而可以应用于自动文摘的生成。在词汇链形成的过程中，可以通过候选词的持续度来检测已有话题的持续性，同时也可以预测新出现的话题。

以上分析中可以观察出在同一词汇链中，有很多词汇或短语间都属同指关系。也就是说，在构建词汇链的过程中，如果有指代或同指关系的词汇出现，那么它们必定属于同条词汇链。由此可见指代和同指关系对于构建词汇链的重要性。那么如何判断词汇间的同指和指代关系？

如果名词与代词之间，或者名词与名词间的指称语义（referent）相同，那么这两个词具有同指关系，我们可以将这种关系看成一种等价关系。如果文本中名词或名词短语由某个代词来表示其实体或部分实体，那么此过程即为指代，其中先行语（antecedent）是先于代词并首次出现在文本中的用来指示实体的名词或名词短语，这也是回指（anaphora）的过程。相反，如果代词先于先行语出现，那么指代过程为预指（cataphoric reference）。我们看下面的这个例子：

距离会让我和父母渐行渐远吗

谈及出国留学，在日本东京大学留学的梅睿思说："父母舍不得我离开他们，但又希望我有一定生存能力。出国后，我们聊天的时间反而比在国内多。"

在美国阿拉巴马伯明翰大学留学的王静思谈及出国前和父母的关系时说："和父母的关系一般，不吵不闹，互相尊重。"出国后基本上每周都会和父母通过微信联系一次。至于出国留学对自己和父母关系的影响，王静思说："更能体会父母的不易，一个人在外会更想念父母。出国留学对于拉近和父母的心理距离有一定作用。"

在西班牙留学的李锦说："之前可能很长一段时间都不会和父母联系，现在我有意无意地一周联系他们5次，次数多了父母都不爱搭理我了。我觉得每天都有好多事和父母说，每天恨不得要聊上两句。"在李锦看来，出国留学让她与父母产生了距离感：她不知道父母的生活细节，父母也不知道她的学习状态。"距离产生美，倒让我们更想了解彼此了。"李锦说。

在笔者采访中，有些学子表示与父母沟通不畅或者沟通效率不高，希望和父母可以像朋友一样。"我觉得在和谐的家庭里，父母和孩子始终是朋友关系。"王静思说，家庭里的压迫感，会让孩子产生叛逆心。因此父母和子女之间要相互尊重，倾听彼此的意见，不能以暴制暴。

随着时代的快速发展，父母和子女之间的观念差异越来越大，有时会因为缺乏沟通或者沟通方式不当，导致矛盾发生。面对矛盾，父母和子女都应学会理性沟通，这样才能拉近彼此之间的距离。

（来源：人民网－人民日报海外版，2018/2/15）

词汇链1：父母－父母－父母－父母－父母－父母－父母－父母－父母－父母－父母－父母－父母－父母－彼此－父母－父母－家庭－父母－彼此－父母－父母－彼此

词汇链2：聊天－联系－联系－联系－聊－沟通－沟通－沟通－沟通

词汇链3：留学－留学－距离－留学－留学－距离－距离－距离

文本中的这三条词汇链中的同指以及指代关系可以使我们判断出篇章要表达的主题是关于父母和留学孩子之间的距离导致的关系变化。通过词汇链跨越的句子范围，可以判断父母与留学在外的孩子和距离这些概念或话题的持续情况。利用这样的词汇链，可以获得文本的关键词集合。

Morris 和 Hirst（1991）首先利用词汇链生成自动文摘。他们提出篇章主题可以由篇章中的超强链体现。在词汇链的构建过程中，也是篇章主题的形成过程。而对于一篇文章来讲，最能体现其核心观点的就是篇章文摘。以此可以把词汇链作为篇章文摘和全文之间的桥梁，以它作为文摘提取的路径。词汇链的构建过程如下：首先，是对于候选词的选取，形成候选词集合；其次，在集合中选择特定候选词，以词汇链中词汇的关联性为原则，创建特定候选词的词汇链；最后，经过对候选词集合中的词汇语义筛选，与特定候选词语义相关的候选词纳入特定候选词链中，此时词汇链更新。否则需要另外建构新的词汇链，再继续如上的操作步骤。我们再看一例：

　　（1）社交的吃饭种类虽然复杂，（2）性质极其简单。（3）把饭给自己有饭的人吃，（4）那是请饭；（5）自己有饭可吃而去吃人家的饭，（6）那是赏面子。（7）交际的微妙不外乎此。（8）反过来说，（9）把饭给没饭吃的人吃，（10）那是施食，（11）赏面子就一变而成丢脸。（12）这便是慈善救济，（13）算不上交际了。

（钱钟书《吃饭》）

　　以上文本中，"饭"出现了 8 次，"赏面子"出现了 2 次，"交际"出现了 2 次；此外，还有与"赏面子"相关的"丢脸"，与"交际"相关的"社交"以及与"复杂"相关的"简单"、与"施食"相关的"救济"等。以上这些反复出现，或者通过词语间的近义关系出现的词汇，都是通过词汇的衔接性表现出来的。语篇的话题也是通过同义词的出现频率得以概括。

　　综上，词汇链的优势很显然。文本的多条词汇链便于观察篇章的结构，尤其由名词构成的词汇链更便于计算机识别与计算，计算机自动生成文章摘要是其最主要的应用。同时词汇链也存在劣势，由于在其生成的过程中，词汇链只要求意义相关的词存在于同一语境中，如果从句子的粒度考虑，在词汇链生成摘要的过程中会产生问题，因为句子是组成篇章的单位，那么在生成摘要时，不可避免地会将过于冗长的句子选中，同时，这样的句子又会含有生成词汇链过程中带来的无效噪音成分。因此，还需要额外分析原始文本，从中长句中选取核心成分解析句子，以便重新生成摘要，这样无疑会加大了耗费成本。

4.2.2　事件链的构建

句子是组成话语的单位，句子链是由句子组成，句子是由相应实体构成，实体链是由构成句子的实体之间互相连接组成。具体而言，韩礼德（Halliday）和哈桑（Hason）提出的词汇链就是实体链的代表。基于上一节词汇链存在的局限性，我们引入事件链这一概念。因为事件的出现，导致句子在篇章中贡献度不同。因为并非所有的句子都含有至少一个事件。上文提及的实体链包含在事件链之中，事件链可以依据实体链的呈现而生成。由此，篇章的连贯关系可以通过超强事件链来分析，同时，事件链也可以分析篇章的连贯模式。与词汇链相比，事件链的构建不需要分别计算实体，事件或者句子相对于整篇文章是否存在连贯性，超强事件链自身即可判断，鉴于此，通过事件链判断篇章的连贯性简化了单由实体链计算的过程。

通常情况下，对于给定的文本，和词汇链的构建方式类似，构建事件链的过程即将文本中句子呈现的事件按照文本顺序逐步生成。可见，事件链的构建机制包含两个必要的组成部分：事件和顺序。一般地，事件的表示方式为：谓词＋论元，其中论元的表示方法比较灵活，可以是体词性的，同时可以用其他事件充当。

例如，各地群众纷纷预祝党的十九大圆满成功。（来源：新华社2017/10/17）其中，"预祝"和"成功"都属于事件的表示，同时"成功"还作为"预祝"的论元。这里问题出现了，也就是当一个事件含有多个论元时，论元的选择范围成为一个问题，即是否要做全部的事件选择参与事件链的构建。如上例中"成功"事件的所有论元表示为：成功（党，十九大），是一个完整事件，而如果是：成功（十九大），只包含一个论元，则是部分事件。

对于语篇来讲，首先应设定如何确定语篇的事件链模型，包括事件链的数量，事件链的跨越范围。因为对于篇章中的一个句子可能包括不只一个事件，这样就导致了多条事件链的生成，而事件链所跨越句子的范围也不是统一设定的，可以是同一句子中的事件链，也可能是通过多个句子形成的事件链。以上问题均关涉到事件链机制的规定。同时描写机制的不同会影响计算机对于事件链计算的难易度。我们看下面这则关于 NBA 的新闻报道：

1）在凯尔特人以36-26扩大优势后，接下来近8分钟，他们未能投中一球。

2）在此其间，凯尔特大三度遭到盖帽，自己还出现失误，好不容易走上罚球线，4罚仅2中。

3）好在他们也限制了活塞，仍然保持领先。

4）本节还有1分58秒时，凯尔特人的斯玛特投中一球，双方回归正常。

5）本节凯尔特人只得15分，活塞也仅多得了1分。

6）半场结束时，凯尔特人仍以44-37领先。

（新浪体育2017/12/11）

57

以上一则新闻文本中，共计6个句子。依据文本中我们所做的标识可以分析以上语篇体词性词汇链为两条，分别为·"凯尔特人－凯尔特人－他们－凯尔特人－凯尔特人－凯尔特人"链以及"他们－活塞－活塞"。与此同时，谓词性词汇链由"优势－中－领先－投中－得－领先"组成。通常情况下，对于体词性词汇链的识别可依据实体命名或指代消解的方式解决。相对而言，谓词性词汇链的识别要复杂很多。我们先不予以考虑，仅从体词性词汇链的层面进行识别，识别过程中有如下特点：首先，词汇链的数量对于一个连贯的语篇而言可以是一条，也可为多条；其次，词汇链的范围可以存在于同一个句子，同时也可以跨越句子存在，如"活塞"链跨越句子（2）、（4）和（6）；最后，词汇链之间不存在排他性，不是独立存在的，其构成元素可以相互交叉。

通过构建词汇链，我们发现以上新闻事例中的词语所关涉的事件之间都是通过语义依存关系联系在一起的。举例说明：句（1）中，"凯尔特人"如果从句法的角度讲，它依存于"扩大"，然而如果从语义的角度讲却依存于"优势"。通常情况下，事件所关涉的语义依存关系可以是单级，同时也可以存在多级的情况，我们举例说明，句（4）中的"斯玛特"在句法上依存于"凯尔特人"，而"凯尔特人"在句法上又依存于"得"。由此，我们可以看出以下特点：首先，在一个句子中可存在一个或多个事件，例如在句（1）中可根据两个体词"凯尔特人"和"活塞"分析出"凯尔特人－优势"和"活塞－未得分"这样两个事件。其次，通过句（4）中"凯尔特人的斯玛特"可以发现"凯尔特人"本属于词汇链中的元素，但却以论元"斯玛特"的修饰语的成分呈现。由此可见，事件的论元不一定是词汇链中的词语，这些词语可能以论元的修饰语的成分形式呈现。最后，事件不一定要遵守句法依存原则，例如句（3）后半句中"他们"指代上句中的"凯尔特人"，如果按照句法依存的原则应该依存于"保持"，然而事件链的形成过程中，基于语义上的依存关系，却依赖于"领先"，与句法依存不一致。

下面还以这个文本为例我们从语义的角度分析依存关系，得到语篇连贯中的事件：

1）在凯尔特人以36–26扩大优势后，接下来近8分钟，他们未能投中一球。

2）在此其间，凯尔特人三度遭到盖帽，自己还出现失误，好不容易走上罚球线，4罚仅2中。

3）好在他们也限制了活塞，仍然保持领先。

4）本节还有1分58秒时，凯尔特人的斯玛特投中一球，双方回归正常。

5）本节凯尔特人只得15分，活塞也仅多得了1分。

6）半场结束时，凯尔特人仍以44–37领先。

根据上面的分析结果，我们按照构建事件链的两大原则，即事件和顺序。依照文本的顺承关系依次标明了以上6句的事件链。这些事件由谓词和论元构成，我可以用依存树的方式表示上述6句的事件链，如图7所示。

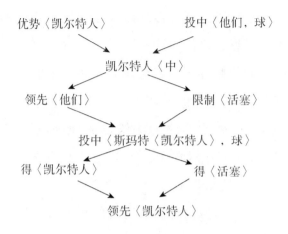

图 7　语篇连贯中的事件链

　　观察上图中的事件链可知，以两条词汇链为线索构成，两条词汇链的范围跨越了 6 个句子，依次可以通过这条事件链判断以上新闻语篇的连贯性，具体表述为：对于给定的文本，在形式上假定事件（event）用 e 表示，如果事件链中存在 n 个事件，表示为事件集合 $\{e_1, e_2, \cdots, e_n\}$，那么对于句子 x 则对应的事件为 e_x，集合中事件的论元和谓词又体现在词汇链上——体词性词汇链和谓词性词汇链，因此，事件链一方面反映篇章主题内容的同时，另一方面也体现了篇章的连贯性。

　　以上分析可知，一篇文章是否连贯，可依据通过构成这篇文章的事件链观察得知，事件链中事件的连贯性侧面体现了由事件链构成的语篇的连贯特征。由于句子是事件的主要载体，事件之间又有主次之分，由主要事件聚合而成的事件形成主要事件链。因此，我们称为超强事件链。此时，可以根据超强事件链来判断篇章的连贯性。换言之，判断一篇文章或一段话语是否连贯的标准可以通过寻找篇章内是否含有事件链来确定。事件链的数量不定，可以是一条，也可为多条。一旦发现事件链，则可判断篇章是连贯的，否则篇章可能不连贯。这里只是做一个假设，因为判断篇章连贯的标准有很多，如果不排除语境的干扰，仅凭事件链来判断过于武断。

上面我们分析了如何根据事件链判断语篇的连贯性，然而语篇的连贯性是一个逐渐逼近某一程度的问题，不是非此即彼的二元划分。将之分成连贯和间断，如果假设"X"值是判断一个语篇是否连贯的标准，那么对于语篇连贯的程度只能用正趋向和负趋向来表示，当语篇的连贯性无限逼近"X"值时，对于连贯的语篇的连贯范围我们表示为（x，＋∞）；当语篇连贯性较弱时，其连贯性无限远离"X"值时，此时对于语篇连贯性的范围我们表示为（－∞，x），那么对于连贯性取值中逐渐趋近的过程如何判断？换言之，如何确保连贯度的问题？

我们是通过词汇链来判断事件，从而进一步来判断事件链。那么依据这个顺序，首先需要通过词汇链的强弱程度分析其所含事件之间的语义关系。语义关系紧密的事件所构成的事件链连贯性也较强，反之亦然。上文我们以"X"值作为判断语篇连贯的标准，那么居于"X"值右侧的范围属于连贯的范畴。我们分为三个程度，越接近"X"值视为篇章的连贯性越强，即高度连贯、连贯、部分连贯，而"X"值左侧视为不连贯。我们用数轴表示，如图8所示。

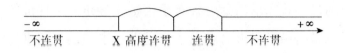

图8　篇章连贯关系强弱度

事件链是篇章连贯的必要条件。事件链由事件和论元构成，二者互相关联构成篇章的核心部分。词汇链和事件链有怎样的关系？如何通过词汇链入手分析篇章的连贯关系？前面我们讲到词汇链有强词汇链和弱词汇链之分，那么可以得出存在于词汇链中的事件也一定有主次之分。同理，如果词汇链越强，则构成词汇链的事件对于篇章连贯的贡献就越大。在同一事件链上，包含核心事件和非核心事件，他们的关系即他们与篇章连贯性的关系为：（1）篇章中的核心事件链只有一条，由核心事件组成，体现篇章核心思想；（2）非核心事件链的数量不限，事件之间也相互关联从而形成局部事件链，分散在各段落中。也可理解为局部核心思想；（3）核心事件链与非核心事件链以及局部事件链之间的关系为：非核心事件链构成局部事件链，二者皆支撑核心事件链，同时，核心事件链对其进行控制，是二者的上位概念；（4）对于篇章连贯性的贡献，核心事件链大于局部事件链；（5）词汇链和关系链构成事件链之间的串联形式。

对于上文定义的文章的连贯强度，可以做如下理解：（1）高度连贯即核心词汇链＋核心事件链；（2）连贯即核心词汇链＋非核心事件链；（3）部分连贯：非核心词汇链＋非核心事件链；（4）不连贯：只含有词汇链，不含事件链。可以看出事件链是语篇连贯的前提和必要条件。

4.2.3 同指消解的方法

基于上节有关词汇链和事件链介绍，在其构建过程中难免会遇到名词或者代词的指称问题，这些名词和代词的指称通过人工判断很简单，但是对计算机处理自然语言来说，如果出现指称错误，就会导致词汇链和事件链中有关事件的误判，从而篇章的连贯性也会受到影响。所以如何判断指称所指是目前自然语言处理的难题。

目前，机器学习方法是同指消解的主要方法，具体操作步骤为通过特征组合来标识指称语，从而判断指称语间的关系。可以按分类问题判断是否同指。同时也可通过计算排序关系，判断指称语，同指关系则为排序最后的指称语。另外可将全部指称语通过聚类分成不同的子集，那么隶属于相同子集的指称语的关系则为同指。

同指消解问题可谓是现阶段人工智能中的棘手问题，对于信息抽取的准确性起着至关重要的作用。人称代词和名词短语的消解是同指消解主要针对的问题。对于同指消解，国际著名评测ACE（Automatic Content Extraction，自动内容抽取）做了如下定义：共指消解的过程即篇章中的指称语映射在真实世界中所指向实体（Entity）的过程。实体通常指代词和名词，名词又分为普通名词和专有名词，语言学上对于实体的划分更加详细，如缩略语、同位语、零形指代等。

从广义的角度讲，指代消解和同指消解可以归并为同一问题，即如何从篇章的回指计算先行语的过程。我们从以下三个层面，即句法结构、篇章结构以及背景知识为指代消解问题提供可行性的方法。

Hobbs（1979）提出的"Hobbs 算法"是以句法结构为核心的关于代词消解的算法，通过句法分析树来进行有关搜索。具体而言，分成两类算法：一类是朴素 Hobbs 算法，只基于句法知识计算；另一类是尚处于理论模型阶段的算法，包括句法和语义知识。目前多数基于 Hobbs 算法的研究者所使用的语料来自英文，很少涉及汉语。在研究指代消解的过程中，研究者也对这种算法做了逐步改进，利用性和数的信息约束指代关系，得到了很好的结果。（宋洋，2015）

Grosz 等人提出的中心理论（Center Theory），是以语篇结构为核心的解决指代消解问题的理论方法，中心理论可用来判断篇章的局部连贯，主要用来判断篇章结构中的焦点转移以及话语一致性等问题。该理论以跟踪句子中实体焦点转变为目标，而有关代词消解问题的目标也是通过焦点实体来判断代词的具体指代。有鉴于此，中心理论为指代消解问题提供了可行性的理论指导。虽然目前众多研究者已经对中心理论的算法不断进行完善，然而基于规则的算法还是有其自身的局限性，即随着规则算法的发展程度、规则的数量不断扩充的同时，制定规则本身也异常冗杂，此时规则算法已经饱和，严重影响了指代消解的准确率。（王厚峰，2015）

背景语境知识的同指消解问题的解决方案通过不断更新数学模型和特征库而不断优化其计算结果。如果要通过背景知识判断所指，必须转向深层语法分析和语义分析。首先要建立理论模型，此类方法势必会提高共指消解系统的性能。背景知识的添加是自然语言的深层处理，这种方法可以提升机器理解自然语言的准确度。例如，"苹果和 iPhone X"，二者之间如果没有背景信息，完全没有关联。现阶段可以通过如下方法获取背景语义知识，首先，可以通过类似 wikipedia，How Net，WordNet 等知识库获取；其次，自建知识库，通过大数据中挖掘的共指消解的模板，然后不断扩展出新的模板；最后，通过向特征向量中添加一些实体语义相似度特征，利用维基百科匹配知识计算其相似度。

综上所述，有关共指消解的解决途径中也存在强不适定问题（strongly ill‑posed problem），处理强不适定问题的方法需要加入适当的约束条件（constraint conditions），目的是缩小问题的求解范围，使之变成适定问题（well‑posed problem）进而得到部分解决。针对背景知识指代消解需要的约束条件，如知识、经验等，而对于二元分类等问题，就需要不断扩大特征条件进行约束。（冯志伟，2010：39‑40）

4.3　面向计算的话语连贯关系的识别

计算机自动话语分析的最终目标是识别文本块间的语义关系，然后通过语义关系对话语进行形式化表示。从宏观上使计算机理解话语语义。在自然语言处理领域，话语连贯关系的计算一直是待解决的重要问题。连贯关系的识别与理解是计算机理解自然语言的首要工作，然后才涉及计算机通过背景语义知识约束话语语义的生成。话语连贯关系的计算为人机互动、自动文摘等应用中遇到的问题提供了有效的解决方案。

在讨论话语连贯关系之前，我们首先需要确定一下连贯的概念。首先，van Dijk（1980）从语义学的角度提出连贯是话语的语义特征，是借助句子之间的语义关联体现的。Widdowson（1978：28 - 29）从语用学的角度看待连贯，他提出连贯是一种言外功能的匹配，可以通过话语命题与话语理解者的言外功能进行匹配。Givón 和 Blackemore（2005：125）从认知的角度提出连贯是一种心理实体，他们指出连贯主要体现话语交际者的心理运作过程，属于心灵之间的相互作用，并不是由话语的语义特征决定的。

本节讨论的内容是面向计算的话语连贯关系的识别和理解。计算机自动识别话语连贯关系的关键是将不适定问题转化为适定问题。从一般意义上讲，可计算性是指是否可以通过计算机来解决某一类实际问题，一个可计算问题应该是可以在有限步骤内通过计算机来解决的问题。

我们研究的问题是如何通过表层语言证据或在缺少表层语言证据的情况下，根据形式化的表示判断或推断文本内部，两个相邻文本片段之间的连贯关系。

4.3.1　话语标记语标示局部连贯与整体连贯关系

面向自然语言处理的话语分析的研究对象是静态的话语文

本，而非话语交际活动。连贯性属于话语的语义属性，通过分析语言表层证据即话语的形式特征来判断文本块之间的语义关系，即话语的连贯关系。连贯的可计算性取决于计算机对话语连贯关系的识别和处理的结果。话语结构的形式化表示是话语连贯关系识别的必要条件。

话语形式化表示的关键问题是如何判定连贯关系的来源，即话语的表层语言证据。我们可以借助话语的显性标记成分，如话语联系语或关联词语等判定句际间的连贯关系。句际间的连贯关系具体指话语内相邻句子之间的局部连贯关系（local coherence）。从功能的角度讲，话语标记语用来指示句子之间的逻辑语义关系，话语生成者基于怎样的意义使句际间产生关联。（李佐文，2003）显式连贯关系通过显性的标记成分体现，显式连贯包括局部连贯和整体连贯。上文我们已经讨论过局部连贯，整体连贯（global coherence）是从总体的角度分析话语整体与部分之间或者部分与部分之间的关联，同时包括话语内与话语外之间信息的联系。如果从话语结构的角度研究整体连贯，那么包括段落的起始和终结、句群的边界，话语的框架等。（李佐文，2003）

在自然语言处理领域中，对于话语语义关系的处理多是依据有限数量的话语标记语来识别句际之间的语义连贯关系。下面我们要讨论的内容是语义连贯关系的具体判断过程。

话语联系语（discourse connectives）、连接词（conjunctives）等语都可以作为用来提示连贯关系的语言手段。汉语语言学界在复句研究、句群研究中多将这种语言手段称为关联词语。通常情况下，它们与被论及的事物无关且不参与文本命题的表达，但结构上能够标记话语的连贯关系（李佐文，2003）。话语标记语可以作为语言的表层证据揭示话语使用者对话语连贯关系的判断（Knott & Dale，1994：35）。为了行文统一，此类提示连贯关系的词语，我们统称为话语标记语。

话语标记语是话语局部连贯和整体连贯关系的重要标记手段，因此判断话语标记语是计算机连贯关系识别的关键。目前，国内学者已经开始利用话语标记语标注句际间语义关系，从而协助计算机的识别。例如，邹嘉彦（1998）、鲁松，宋柔（2001）、姚双云等（2012）将其应用于自然语言处理领域，利用话语标记语标识语义关系有两个主要原因：其一，话语标记语更易被计算机识别，且标识的语义关系准确，这样可以很大程度上限制了歧义句的产生；其二，鉴于汉语自身的特殊性，其话语标记语的数量相对程度上比较稳定，这样更有利于计算机对其形式化处理。（姚双云，2008：49；姚双云，2012：183）基于以上话语标记语的特点及优势，如果能够对话语的连贯关系进行适当的分类和标记，那么计算机便可通过话语的浅层处理识别部分句际间的语义连贯关系。我们看下面的示例：

［Sending aromas alongside messages in cyberspace is said to be one of the digital trends for 2015，］［but smartphone users may disagree.］

（Source：*The Guardian*，19 December 2014）

此例中，话语标记语 but 标示了前后两个小句之间的一种局

部的对照关系，它出现在第二个小句的开头，标记一个基本话语
单位的左边界。对于像这样的语篇，如果我们利用浅层分析技术
和关于话语标记语的知识，很有可能顺利地确定语篇内句子之间
的连贯关系。但这只是最简单的情况，由于话语联系语的情况比
较复杂，使用也比较灵活，仅仅依靠这些标记成分和浅层处理还
不足以准确地判定语篇中所有单位之间的关系。又如：

[Gaia is charting the position, movement <u>and</u> changes in
brightness of every star in the galaxy,] [<u>and</u> is also expected to discov-
er new planets, asteroids <u>and</u> supernovae.]

(Source：*BBC - Future*, 17 December 2014)

上句中 and 有时连接句内成分，有时连接跨句成分，即标记
话语单位之间的语义关系。例句中，第一个 and 和第三个 and 连
接的都是句内成分，只有第二个 and 标示的是两个话语单位之间
的序列关系。如果要利用话语标记语来确定话语单位间的关系，
就需要识别出第二个 and 前面的界限（标示话语单位之间关系的
and 前面的界限），而无需涉及连接句内成分的其他两个 and。显
然，依靠浅层处理的方法尚不能解决这个问题。直接利用话语标
记成分来确定连贯关系是不充分的，原因如下。

首先，话语标记语有时连接句内成分，有时连接句际关系，
到目前我们还不能确定什么时候它们连接的是句内成分，什么情
况下连接的是句际关系，因此尚不能用它们来确定话语单位之间
的连贯关系。其次，话语标记语尚不能明晰地标示语段或者话语

单元的大小。最后，由于话语标记语所表示的连贯关系大于等于一种，因此二者之间并不是一一映射的关系。

　　然而，语言学和心理语言学的研究表明，人们利用话语标记语作为相邻话语单位间的连接结（Halliday & Hasan，1976：6），也可以用来表示两个较大话语单位间的语义关系，如在叙述性话语中，so，but 和 and 可以标示话语部分之间的关系。（Kintsch，1977）在自然会话中，so 可标记一个主要话语部分的结束，或话轮间的过渡，而 and 可以标记意义单位和发话者的连续发话。（Schiffrin，1987）

　　在叙述性话语中，话语标记语可以标记话语成分间的结构关系并且对故事的理解起到非常重要的作用。（Segal & Duchan，1997）在言语交际过程中，发话人和听话人都可以用标记语来标示重要的变更，如标示停顿，话题连续的地方。从已有的研究可以看出，话语标记语很有可能被用来确定话语单位之间的连贯关系。话语标记语通常被用来标示两个话语单位之间的连贯关系，这说明这样的话语成分具有确定语篇语义结构的潜在功能。

　　假定我们要求计算机利用浅层形式算法（surface – form algo-rithm）和有关话语标记语的知识来确定下面话语中由 though 标示的连贯关系。例如：

[In theory, this means online video providers would be able to take advantage of certain protections when negotiating with programmers for the right to broadcast their content.]　①　[Programmers, meanwhile, could begin charging these distributors money.]　②　Notably, though, the FCC′s rules would only apply to firms that offer "stream [s] of prescheduled video programming."] ③ [So services like YouTube and Hulu would not be covered, because they offer playback on demand.] ④

(Source：*The Washington Post*, 19 December 2014)

在这段话语中，话语标记语 though 出现在②和③之间，标示一种让步关系，但是计算机并不知道 though 维系的到底是哪两个语段，可能是②和③，或者是①②和③，还可能是②和③④，甚至可能是①②和③④。因此只能先找出整个语段中的局部连贯关系，进而确定 though 维系的是哪两个语段。

Marcu（1997）认为，语段间的连贯关系可以用其中重要单位间的近似关系来解释。如上例中，①②和③④之间的让步关系可以用①和③之间的让步关系来解释。换言之，较小的语义关系可以代替较大的语段解释连贯关系，这一事实说明，整个语篇的语义结构可以采用自下而上（bottom‑up）的方法来建构。在例句中，根据 though 所在的位置，前后句之间的语义关系可能会出现以下几种情况：

A. rel（concession，①，③）
B. rel（concession，②，③）
C. rel（concession，②，④）
D. rel（concession，①，④）

这些假设包括了所有由 though 标示的可能的连贯关系。①②和③④两个语段间的语义关系可以用①③句之间的简单语义关系来解释，即 A. rel（concession，①，③）。现在的问题是：为什么不用 C. rel（concession，②，④）等来解释呢？

Harabagiu & Moldovan（1996）的研究表明，衔接关系也可以用来确定较短语段间的连贯关系。例如，一个句子谈论的是水果，与之相邻的另一个句子谈论的是苹果和香蕉，两个句子之间的关系很可能是详述（elaboration），因为苹果、香蕉和水果之间是种属关系。同样，计算机也能假设例句中的①和②之间的关系是附述关系，因为这两个句子都与 programmers 有关，而且两句之间有标记成分 meanwhile 来标示；同理，由话语标记语 so 引导的④句和它前边的句子之间是因果关系。

依据 Mann & Thompson（1988）在连贯关系对核心成分（nucleus）和辅围成分（satellite）的区分，他们认为相邻的两个语段，其中一个对于表达发话者的意图更为重要和突出，称为核心成分；与此相对，不太重要的另一个语段称为辅围成分。这样的区分完全是根据话语单位的功能来决定的。发话者在话语建构的过程中，总是有首要的目标和次要的目标，并按照"核心—辅围"这样的关系来组织语篇，这是符合人类认知规律的。

那么从上面的分析可知，②句和④句属于辅围成分（satellites），它们之间的关系不可能决定①②和③④两个语段间的语义关系，决定两个语段之间语义关系的只能是①句和③句，因为它们才处于核心（nucleus）地位。通过这种方法我们可以判断出话语的局部语义关系。

同时，话语的整理连贯关系也可以通过话语标记语进行标示，如果一段话语含有三个语段，由 first，second，third 等词语标记，这样的三个语段之间很可能是列举（list）或序列关系（sequence），计算机利用这些标记成分就可以得出整体的篇章语义结构，而不用去判定主要成分之间的语义关系。Morris & Hirst（1991）认为，具有衔接特征的语篇和具有层级关系、具有发话意图的语篇之间有相互关系。如一个话语的前三段讲述有关月球的情况，后面两段讲述有关地球的情况，这两部分之间的语义关系很可能是接合（joint）或者是列举（list）。通过这种方法我们可以得到语篇的整体连贯关系。

综上所述，连贯关系是连接语篇内部句际或段落间的桥梁，话语连贯关系的层次性是整个语篇语义结构的体现，而话语标记语是标示连贯关系的形式手段，它既可以标示紧密相邻的话语单位之间的局部连贯关系，又可以标示距离较远的话语部分之间的整体连贯关系。从上文的论述可以发现，构建话语连贯关系集是计算机浅层识别与理解的前提，只有确定了话语的意义结构才能进一步实现自然语言的理解，在本章4.3.3 话语连贯关系的识别方法中，我们进一步讨论连贯关系集的构建，这里包含显式和隐式连贯关系，当然目前在该领域仍然有一系列问题有待进一步探索。

然而仅依靠话语标记语识别语篇的连贯关系也有其局限。首先，因为话语联系语有时连接句内成分，有时连接句际关系，到目前我们还不能确定什么时候它们连接的是句内成分，什么时候连接的是句际关系，因此尚不能用它们来确定话语单位之间的连贯关系。其次，话语标记语尚不能明晰地标示语段或者话语单位的大小。最后，一个标记语所表示的连贯关系不止一种，即标记语和连贯关系之间不是一对一的对应关系。这些问题还有待进一步探讨研究。

4.3.2　话语单元识别

上节我们通过话语标记语判断话语的连贯关系，这属于计算机的浅层识别。分析的结果表明，话语标记语可以直接识别一些结构简单的话语之间的局部和整体连贯关系，而对于句子结构相对复杂语段，仅依据话语标记语进行连贯关系的识别会出现一系列问题。因为话语标记语尚不能明晰地标示语段或者话语单位的大小。话语单元的切分和识别，为话语标记语所引领的边界范围的确定指明了方向。

话语单元是话语中最小的语法单位，具有独立性和表述性的特点，它以不同的连接方式组成分句或句子，进而形成更大的语言单位。例如，段落或者话语。目前，对于如何切分话语句子的基本单元是面向自然语言处理的话语意义计算的首要任务。

4.3.2.1　基本话语单元的切分

由实体、事件等信息通过某种语义关系组成的文字序列称为句子，话语层次的句际关系的分析是词汇和句子层面的话语结构深层次的理解。通常情况下我们认为句子是构成话语的组成单位。屈承熹（2006：270）提出句子在汉语中的定义还没有明确的标准，"汉语句"是小句（clause）的上级结构单位，篇章的基本组成单位是小句，句子由小句构成。同时，屈承熹（2006：

271）给小句下了明确的定义，即"小句中至少包括一个谓语，谓语的形式没有限定"。徐赳赳（2003：58－59）划分小句的标准是将小句设定为包含一个主谓结构的句子，包括主语是零形式的句子，而停顿和功能作为划分小句的次要标准。从自然语言处理的角度，宋柔（2000）指出语言学中对汉语的"小句"并无公认的定义。陈平（1991：182）将小句定义为："被逗号、句号、问号等标点符号切分开的语段。"以上对小句的划分，均将标点符号作为切分的依据，这样的划分标准更利于计算机自动处理自然语言。目前，英文中主要基于概率模型切分话语单元，而汉语由于逗号特色的问题，现阶段主要解决逗号的消歧问题，即如何将长句切分为短句，还未涉及句内话语单元的切分。

我们可以将句子看成由话语单元组成的一棵树，话语单元之间的关系如同树的枝叶之间的层次关系，我们看下面的例句：

外面虽然晴空万里，但是天气预报播报今天有雷阵雨，最好带上一把伞。

释 1［外面现在虽然晴空万里］$_{edu1}$，［但是］$_{connective}$［天气预报播报今天有雷阵雨，最好带上一把伞］$_{edu2}$。

释 2 外面现在虽然晴空万里，但是［天气预报播报今天有雷阵雨］$_{edu1}$，［最好带上一把伞］$_{edu2}$。

释 3［外面现在虽然晴空万里］$_{edu1}$，［但是］$_{connective}$［天气预报播报今天有雷阵雨］$_{edu2}$，［最好带上一把伞］$_{edu3}$。

释 1 将例句分成两个句间关系，关系 1 由显式连接词［但是]连接，表转折关系。释 2 中的两个小句是隐式的因果关系。

假设如果我们只利用逗号来分割话语单元，那么切分结果如释 3 所示，句子被分割为三个同级别的话语单元。换个角度，如果我们以话语标记语作为识别的标志，也存在同样的问题，[但是]在句中管界的右边界无法确定。

通过人工进行干预，我们发现表达转折关系的连接词[但是]，只连接 edu1 和 edu2，不包括 edu3。主要由于句子内部的话语单元是有语义层次的，只依据逗号进行简单的分割否定了话语单元的语义层次的特性，类似的，话语中的句子也通过段落的语义层次组织表达。

虽然话语的语义信息无法穷尽，但是作为表达语义的信息间的组织规则是可控的。句子中作为实词的名词和动词是组成句子的关键。在依存分析中动词被称为核心词 Head，话语单元作为句子的最小单元，它具有独立性和表述性的功能，理论上讲，基本话语单元应该至少存在一个动词。因此，可以基于短语结构来构建以动词为核心的话语基本单元的识别规则。

话语中的基本单元可能存在交错层次且互相嵌套。有鉴于此，我们基于递归原则来设定话语基本单元的识别规则：第一，一个基本话语单元具备一个动词短语；第二，如果小句作为话语单元，当且仅当小句中含有一个（主）谓结构，即小句中存在一个基本话语单元；第三，基本话语单元可以组合成话语单元；第四，处于相同层次的话语单元间存在语义关系。最终，话语中的每一个句子表示为一棵由基本话语单元组成的话语单元树，如图 9 所示。（姬建辉，2015）

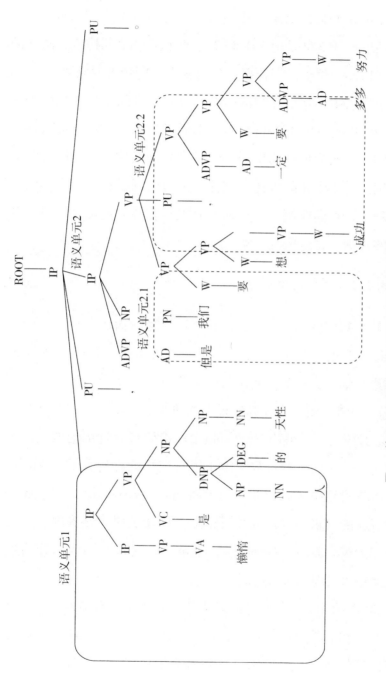

图 9　基于短语结构分析的语义单元树（姬建辉，2015）

话语单元 1 和话语单元 2 组成了一个完整的话语单元句子。同时，话语单元 2 又是由 2.1 和 2.2 两个话语单元构成。图 9 的语义单元树部分地解决了依据逗号切分小句所带来的问题。

鉴于汉语中小句划分的标准尚未统一，且囿于计算机处理汉语的能力，以动词短语为核心的识别语义关系的方法，虽然部分解决了以标点句为核心的切分方法所带来的问题，却不能覆盖全部的实例。由于中文的表达随意性，类似名词类独词句、感叹语或者称呼语，它们即便不含动词，但也具有独立的语义。只是基于我们的规则，将这些视为无效语义。

4.3.2.2　组块的识别

由于以 VP 为核心的基本话语单元有时结构成分复杂，所以计算机很难对切分后的结果进行句法语义分析，这时还需要将 EDU 再进行细分，也就是对组块的计算。

4.3.2.2.1　组块在认知心理上的研究

在心理学上，"组块"（chunking）指信息通过记忆加工，从而形成更大单位语块的过程。由于短时记忆的容量有限，这时可以通过组块对脑中已储存的知识重新编码（recoding），以语块的形式形成新的知识，并进入长时记忆，以便随时检索提取。此过程为记忆的组块效应（effect of chunking on memory），又称作为短时记忆策略（STM strategy）。

在 20 世纪四五十年代，心理学研究提出语块对语言识别、学习和认知过程的重要性。目前，很多心理学家就信息加工对短时和长时记忆的区别，讨论了语块和人类记忆之间的关系。（缪海

燕，孙蓝，2005）

米勒 Miller（1956）指出短时记忆的容量是有限的，分为记忆时间的有限性和记忆保存容量的有限性。记忆时间大概为 10 秒，而记忆的容量为 7 ±2 个单位。米勒提出短时记忆更适合"碎片"信息的存储。相对短时记忆，"碎片"信息需要进行再次编码，从而形成语块方能进入长时记忆。Simon（1974：482 – 488）在区别不同心理学实验数据后，提出更加具体的短时记忆的容量单位为 5 个单位。同时，认为人类记忆的基本单位是语块，这更加印证了语块的心理现实性。Cowan（2000）在研究大脑的储存能力后，提出人类短时记忆的容量是 4 个单位。

虽然学者们对于工作记忆的确切容量没有定论，7 ±2 只是我们即时处理的大致焦点范围。但是米勒提出的工作记忆容量限制下的组块原则，已为很多心理实验所验证且被普遍接受。（卡罗尔，2004）

概括而言，组块就是将输入的个别、离散的信息重新编码，并将其组织为更大的、有意义的单位的过程。通过把相关的几个小项目合为一个大项目，减少基本块数，从而将信息量控制在记忆所容许的范围内。（马国彦，2010）组块的意义不仅在于将信息量控制在工作记忆时间范围和容量范围内，还可以提高信息处理的效率和工作记忆的能力。

在组织为更大的有意义的组块时，这个"有意义"是"个人的、私人的，符合私人逻辑的"，而不是信息的固定意义和公认意义，它是一种心理联系。369755281 这个数字由 369、755、281 的三个组块组成，这三个组块对很多人都没有意义，但是对高中学号一直是 369，门牌号是 755，手机尾号是 281 的人来说就不一样了。369755281 这个数字就从 9 个信息变成了三个组块。这三个组块作为一个人的 QQ（及时通信工具）号码多年使用以后，就变成了一个组块。在 100024369755281 这个 15 个零碎信息组成的数字中，上面那个人就可以把 369755281 作为一个单独的语块处理，而 100024 是北京市朝阳区某区的邮编，类推则可得出上面的 100024369755281 可以作为两个"更大的有意义的"组块出现。

组块效应对人类的认知世界起着至关重要的作用。我们的记忆是自动加工信息的，间或需要有意识地加工信息或者控制性地加工信息。现在话语的意义的计算研究方向可以从如何使话语变成对计算机可计算的组块的集合进行努力。通过"控制性的、有意识的加工"，使话语的可计算性成为可能。话语的可计算性其实就是使篇章对计算机有意义。计算机能够按照有意义的、更大的组块所形成的一个"意义的整体"对篇章进行处理，而不是仅仅基于"零碎的""散乱的""单个的"信息点进行处理。

4.3.2.2.2 组块在自然语言处理上的研究

（1）语义组块定义

组块分析是话语意义计算研究的基础性工作。基于研究的角度不同，以下研究者对组块体系的描述也不尽相同。李素建（2002）提出，汉语组块属于短语结构，其内部包含核心词，而句中的其他成分都是以核心词为中心的拓展，这符合语法功能，使组块具有非递归性的特点。周强（1999）提出以研究组块的边界研究为切入点，他介绍了词界块和成分组这样两个概念。他以边界的判定作为一种句子的拓扑结构,这种结构独立于语法的描述形式。最终,形成一个完整统一的组块描述体系。其后,通过该体系的不断完善,他又对基本块、功能块和事件描述小句等进行了界定,并对汉语组块进行穷尽性和线性的标记,从中归纳了8种组块形式,这为汉语组块资源建设提供了大规模的语料资源。孙广路(2011)等提出组块是特殊的短语形式,它由具备句法功能的次序列组合而成,其内部由前置修饰语和核心词这两部分构成,后置附属短语则排除在外。组块与组块之间不允许重叠,它们独立存在且具有非递归性。该体系对词语组块的切分只依据词语、词性标注等类似的表层信息,尽可能从大颗粒度进行划分。这种划分标准不关涉组块之间的跨度以及句子的整体结构。

目前,对于汉语组块分析,学界还没有达成统一的共识,缺少统一的描述体系。基于不同的研究目的,分析的体系各不相同。在自然语言处理领域,语义组块的分析属于浅层的句法和语义分析。组块长度介于词语和句子间,目的是通过语义组块来解释语法和语义之间的关联。

(2)句子组块

在国内的语法届,陆丙甫(1986)是最早根据工作记忆容量对句子进行组块分析的学者。他认为组块从句子的第一个字或词开始,从左到右或从前向后连接,直至搜寻到一个核心词,通常是名词或动词,然后将这一与核心词相联系的短语暂时储存为一块,如名词短语、动词短语等。组块的结果是由核心动词所控制的一个直接成分结构。他认为句子的基本单位是"块"而不是单个的词。

通过总结陆丙甫（1986）等学者的研究，马国彦（2010）指出句子的组块处理有以下三点。

1）句子组块中，控制组块程序的是句子的核心，也就是谓语动词。

2）如果句子里是大块包括小块，那么小块之间的位置变动，不能越出大块的界限。

3）递归性：大块中可以嵌套小块，小块之中可以嵌套更小的块，从而形成递归循环。

（3）篇章组块

自然语言处理中借用组块进行处理的对象一般是篇章。篇章的自上而下的组块方式意味着表达和理解是两个维度的过程，方向相反，性质相近。一方面，条理逻辑的表达需要组块。组块是思维逻辑和人际功能的表现。另一方面，理解也需要组块。理解是通过识别篇章结构关系进行的组块处理，通过组块抓住篇章的骨架，从而提高理解的效率和能力。

马国彦（2010）将篇章的组块原则总结如下。

A. 自上而下原则：篇章组块按照自上而下的方式对句群进行整合，整合的关键是找到能够通过某种结构或语义关系将句群控制起来的标记。也就是说，一次篇章组块要运作起来，关键是找到一个整合标记，或者是组块标记。

B. 结构和语义关联原则：原则 A 中找到的组块标记能否发挥整合功能，需要参考该标记是否和句群之间有结构或语义上的关系。如果有，这就意味着话语单位之间具有关联性，从而使这些单位同时属于一次组块活动。

C. 完型或闭合原则：每一个组块都有范围。组块的有效性恰恰在于范围的划定，组块的边界是标记组块的结构和语义关系终止于某处的关键信息。

D. 递归性原则：组块是个动态过程，任何一个组块处理后的结构块都有可能在下一个组块中形成一个成分，重新参与高一层次的组块过程。

E. 层级性原则：递归性决定了组块的层级性，即依据递归组块原理重复进行组块操作，从而完成对篇章的层级建构。

根据篇章组块的原则，马国彦整理总结出篇章组块分析方法的特点：①强调自上而下；②通过管界判断，将多个结构单位控制在组块范围内；③与自上而下仅仅依靠形式而无法解释语义关系不同，组块分析在形式上和语义上是一致的。因此，马国彦认为从组块的角度来看，传统的连贯分析在很大程度上不是从某种一般理论派生出来的概念，而是对篇章理解的实际过程的说明。

（4）语义组块识别流程

英语句子中的单词以自然分隔的形式呈现，由于汉语句子的词语间缺少这种界限，因此，针对汉语的自然语言处理，如何分词以及词性的标注会影响整个句子的语义的计算。组块识别也面临同样的问题，性能完善的分词系统及带有词性标注的句子是识别语义组块的关键。鉴于汉语句子结构的复杂性，句子中的谓词可能不止一个，同时每个谓词都有各自的谓词 - 论元结构。为了方便分析，对句中的所有谓词应该单独建立该谓词所对应的句子作为副本，然后分别对这些句子副本进行组块识别。

综合以上分析，语义组块的具体识别流程为：①可利用中科院开发的分词系统对待分析文本整体分词，该系统包含词性的标注；②抽取目标谓词，目标谓词的数量决定拷贝该谓词所在句子的数量，针对句子副本中的谓词进行组块分析：③基于机器学习的方法对每个副本句进行组块识别，并标注每个目标谓词的语义组块。具体步骤流程见图10。(常若愚，2015)

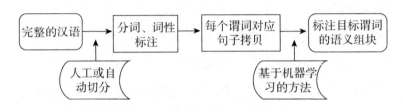

图10　语义组块识别流程图（常若愚，2015）

目前，组块研究在广度和深度上还不够，还有许多理论上的问题需要做进一步的探讨，如从认知的角度考量组块的形成过程，制约组块的原则有哪些等。如果要说明组块理解和篇章结构的关系，需要较大规模的语言理解实验进行验证，通过观察、分析受试者理解话语的过程，从而证实组块分析方法的恰切性。

4.3.3　话语连贯关系的识别方法

连贯性（coherence）作为自然话语的核心特征，用来检验话语交际性和合法性的标准。话语不是简单的句子罗列，而是交际者用来表达思想或传递信息的一个统一的整体（a unified whole）。构成话语的句子形式上前后连贯，语义上互相关联，意在实现话语生成者的交际意图。话语中各个句子或语段之间的语义关系是话语连贯性的主要体现，这些语义关系又称为话语的连贯关系（coherence relations），不同层次的连贯关系可以体现话语的语义结构，从而作为有效的言语交际单位。

话语连贯计算取决于话语的连贯关系的识别，目前，主要通过话语联系语等显示连接词实现对话语连贯关系的识别。（Knott & Dale，1994；邹嘉彦等，1998；姚双云等，2012），此种研究方法对于有明显话语标记语的句子识别率很高，局限在于对于缺少话语连接词这类话语连贯关系的识别显示无效。

对于话语连贯关系的识别，可根据话语中是否含有关联标记将话语连贯关系分成两类：当语篇中含有标示句际关系的关联词时，称之为显式连贯关系（Explicit Coherence Relations），对于缺少关联词作为句际语义标注时，称之为隐式连贯关系（Implicit Coherence Relations）。下面我们分别讨论显式关系和隐式关系的具体识别方法。

4.3.3.1　话语显式关系的识别

显式连贯关系，是指用语言手段标示出来的连贯关系，连贯性可凭语言（词汇）层面的信息进行解释。由于是在语言表层的体现，因此易于连贯关系的自动识别机制的建立，同时也为计算机自动处理话语连贯关系提供了语言学的知识和资源。

由于连贯关系的研究方法不尽相同，国内外学者对于其分类尚未达成统一的标准，Hovy & Maier（1992）提出一种话语关系层级体系，将其他 30 名研究人员已指出的 400 多种语义关系进行归并整理，最后总结出 70 余种连贯关系，我们参考了 Halliday 和 Hasan（1976），廖秋忠（1986），Hyland（2008），胡壮麟（1994），Hoey（2005）等人对衔接与连贯、篇章连接成分、元话语、词汇搭配等方面的研究成果，做出以下分类。下表我们将显式连贯关系分为词汇关系和逻辑关系两大类：

表 2　显式关系分类

<table>
<tr><td colspan="6" align="center">显式连贯关系</td></tr>
<tr><td colspan="3" align="center">分类</td><td align="center">定义</td><td align="center">举例</td></tr>
<tr><td rowspan="6">词汇关系</td><td rowspan="6">语篇照应</td><td>同形表达式</td><td>重复上文某一表达式表所指（常见于名称、专有名词、泛指一类人或物的名词等）</td><td>王医生……王医生……；"三严三实"……"三严三实"</td></tr>
<tr><td>局部同形表达式</td><td>用上文某一表达式的局部表所指</td><td>……一些内容不健康的报刊在不少地方泛滥起来。这类报刊……。这类报刊……</td></tr>
<tr><td rowspan="4">异形表达式</td><td>指代词</td><td>用指代词表所指的人、物、事，如人称代词、指示代词等</td></tr>
</table>

<table>
<tr><td colspan="6" align="center">显式连贯关系</td></tr>
<tr><td colspan="3" align="center">分类</td><td align="center">定义</td><td align="center">举例</td></tr>
<tr><td rowspan="6">词汇关系</td><td rowspan="6">语篇照应</td><td colspan="2">同形表达式</td><td>重复上文某一表达式表所指（常见于名称、专有名词、泛指一类人或物的名词等）</td><td>王医生……王医生……；"三严三实"……"三严三实"</td></tr>
<tr><td colspan="2">局部同形表达式</td><td>用上文某一表达式的局部表所指</td><td>……一些内容不健康的报刊在不少地方泛滥起来。这类报刊……。这类报刊……</td></tr>
<tr><td rowspan="4">异形表达式</td><td>指代词</td><td>用指代词表所指的人、物、事，如人称代词、指示代词等</td><td>方小姐……她……；故宫……这里；前者，后者……；对方</td></tr>
<tr><td>同义词</td><td>同义词、近义词表相同所指</td><td>露营地……宿营地；拉杆箱……旅行箱</td></tr>
<tr><td>上位词</td><td>用上位概念词表所指</td><td>黄芪、党参……这类药材；第三者……这种人</td></tr>
<tr><td>省略式</td><td>省略照应词</td><td>国家博物馆……（国家博物馆）一层……（ ）二层 A 区……（ ）三层……</td></tr>
</table>

显式连贯关系					
分类				定义	举例
词汇关系	词汇搭配	语义搭配		人们习惯的语义上相关联的表达	按摩……经络……养生……；身体……脏器……手脚……头部
		语用搭配		人们习惯的使用方式上相关联的表达	"两三个"通常与"大概""大约""可能"搭配；（打招呼）去哪儿啊？吃饭了吗？
		语法搭配		人们习惯的语法上相关联的表达	"还"有时用于现在时态，有时用于过去时态，下文会有"过""了"之类的字
逻辑关系	顺接	表时间	序列	表达一个事件的不同阶段或多个事件的时间顺序的连接成分	起初，先，开始时，最早；后来，随后，然后；最后，结果
			先后	表达事件发生的先后顺序，发生的时间是先后关系或共时关系	先前，原来，本来，过去，这/那之前，事先；接着，然而，后来，这/那之后，以后，此后，事后；顿时，霎时，立即，马上，顷刻之间，不一会；与此同时，这时
		表增补	罗列	连接不同成分，以组成更高或完整的观点	首先，其次，……最后；一、二、……；第一，第二，……
			并列	连接两件重要性相当的事件	同时；（另）一方面；也；还；相应地
			递进	连接程度越来越高的成分	并且；而且；何况；又；加上；再说；进一步；甚至；更有甚者；连……也
			附加	补充说明，说明的内容重量轻于附加语前的内容	顺便提一句；此外；另外；还有；补充一句

续表2

显式连贯关系					
分类				定义	举例
逻辑关系	顺接	表阐明	举例	连接概括的话与具体例子	例如；比如；诸如；比方（说）；以……为例；像……
			换言	提示换一种表达来说同一件事	换言之；就是说；即；或者说；具体来说；换句话说；什么意思呢？就是……
		表分总		将前面的话总结概括	总归；总而言之；总之；概括来说；一句话
		表因果	由因到果	原因在前，表达结果	所以；于是；因此；因而；结果
			由果到因	结果在先，表达原因	（是）因为；原来
		表结局	中性结局	连接事情发展的过程与结局	结果；终于；最终
			预期结局	连接预期的结果与实际结果，两者一样	果然；不出我所料；果真；结果真是
			可理解结局	连接过程与不足为奇、可以理解接受的结构	难怪；怪不得；无怪乎
		表条件	中性条件	连接上文的条件和下文应有的结果	那（么）
			相反条件	连接上文条件相反时，会有什么结果	否则（的话）；（要）不然；要不是（这样的话）
			无论条件	连接上文条件不管成立与否，或不知实际情况，都能肯定结果	无论/不管/不论如何；无论/不管/不论怎么样；反正

续表2

显式连贯关系				
分类			定义	举例
逻辑关系	顺接	表目的	连接要达到的目的	（目的）为此；冲着这（个）；
		表推论	连接由上文信息，有理由推导出的下文的结论	显而易见；显然；（由此）可见；看来；不用说；毫无问题；毋庸置疑
		类同比较	连接性质、情况类似的事件	同样（地）
		胜过比较	连接上文程度较低与下文程度更高的成分	更……（的是）；再……（一些）；比较
		尤最比较	引出一种情况下程度最高或最为突出的人、事、物	最……（的是）；特别（是）；尤其（是）；尤为……（的是）
	逆接	表转折	连接条件与结果不协调，或情况不一致	可（是）；但（是）；然而；却；不过；只是
		表意外	连接据上文信息，下文超出常理、令人想不到的情况；或是事发突然，令人措不及防	岂料；谁知（道）；哪知；突然（间）；猛然间
		表实情	连接后面的实际情况（与前文有差异）	其实；说到底；事实上；实际上；老实说
		表让步	承认事情还有另一面的可能	当然；退一步说；诚然
		表对立	连接两种矛盾或情况相反的事情	（与此/和这）相反；反过来说；反之；反倒
		表对比	连接比较两种成分的差异，甚至对立情况	相比之下；另一方面；对比之下

续表2

显式连贯关系			
分类		定义	举例
逻辑关系	转接 表转题	连接新的话题	关于；至于
	转接 表题外	连接附带说的不影响正题的话	顺便提/说一句；附带一提
	选择	提供多个选项作为参考，或是从选项中选择一个	或是……或是……；与其……不如……

如下我们采用上面的分类，对下面一篇语料的显式连贯关系进行标注：

（1）男人不是女人，（2）女人不是男人，（3）这是个非常简单基本却有时非常重要的道理。（4）而且没有人会承认说自己不懂这个道理。（5）但事实上，许多的人的确是不懂这个道理的。

（6）男人属阳，（7）女人属阴，（8）这恐怕是众所周知的一个普遍真理。（9）因此，女人一般是不能干男人所干的某些事情的。（10）如果硬是要干，（11）当然也未尝不可，（12）然而绝对不美。（13）比如搞哲学、说相声、摔跤、当官，等等。

（14）搞哲学，很高尚，（15）女人能做哲学家自然十分了不起。（16）可是，一般说来女人长于形象思维而弱于逻辑思维，（17）若是费老大的劲与自己天生的弱点斗争，躲进书楼成一统，日读书夜读书，一读十几年几十年，戴副越来越深度的近视眼镜，不苟言笑，皱纹深刻。（18）对于女人来说，这是不是忒滑稽了一点？

　　…………

（19）当然，<u>男人</u>绝对不能干的事也不少，（20）并且常被<u>男人们</u>自己忽略。（21）比如说<u>男人</u>不能养指甲，（22）即便是为了掏耳屎养小指甲也难看。（23）堂堂<u>大男人</u>却十指尖尖，成何体统？

…………

（24）<u>男人</u>千万别织毛衣；（25）千万别<u>男</u>扮女装，（26）擦胭脂抹口红，（27）捏着嗓子唱歌；（28）<u>男人</u>还忌讳有鲜润红亮的唇，（29）鲜润红亮在一圈黑胡楂子中同样令人惨不忍睹。（30）不过话又说回来，人家若天生一副红唇怎么办？（30）有一个办法便是抽烟，（31）一抽颜色就能沉着起来。（32）当然，这是一句玩笑话了。

（节选自池莉《男女有别》）

首先，我们就词汇层面分析一下这段语料。从篇章整体角度来看，下划线标记的"男人"和"女人"这两个表达式贯穿全文，而且前面两段交替出现，而后面的段落则是分而述之。由此，我们从"男人""女人"的词汇照应可以知道，这篇语料主要是讨论男女各自特点的。另外，"女人"这个形象经常能让我们联想到的，如句（21）的养指甲、句（24）至句（28）的织毛衣、擦胭脂抹口红、捏着嗓子唱歌、鲜润红亮的唇等语义词汇搭配，却出现在以"男人"为中心的语段里。由此，可以看出作者的意图是假设男人扮女人会有多么不适当。词汇层面还有其他一些更具体的照应词，比如句（3）的"这"与句（4）（5）句"这个道理"，皆是对句（1）（2）命题的指代异形表达。同样的还有句（18）"这"，指代上文（17）的内容；以及句（32）"这"，指代（30）（31）的内容。

如下我们从逻辑关系层面进行分析：

（1）男人不是女人，（2）女人不是男人，（3）这是个非常简单基本却有时非常重要的道理。（4）（顺接－递进）<u>而且</u>没有人会承认说自己不懂这个道理。（5）（递接－转折）<u>但</u>事实上，许多的人的确是不懂这个道理的。

（6）男人属阳，（7）女人属阴，（8）这恐怕是众所周知的一个普遍真理。（9）（顺接－因果）<u>因此</u>，女人一般是不能干男人所干的某些事情的。（10）如果硬是要干，（11）（递接－让步）<u>当然</u>也未尝不可，（12）（递接－转折）<u>然而</u>绝对不美。（13）（顺接－举例）<u>比如</u>搞哲学、说相声、摔跤、当官，等等。

（14）搞哲学，很高尚，（15）女人能做哲学家自然十分了不起。（16）（递接－转折）<u>可是</u>，一般说来女人长于形象思维而弱于逻辑思维，（17）若是费老大的劲与自己天生的弱点斗争，躲进书楼成一统，日读书夜读书，一读十几年几十年，戴副越来越深度的近视眼镜，不苟言笑，皱纹深刻。（18）对于女人来说，这是不是忒滑稽了一点？

············

（19）（递接－让步）<u>当然</u>，男人绝对不能干的事也不少，（20）（顺接－递进）<u>并且</u>常被男人们自己忽略。（21）（顺接－举例）<u>比如说</u>男人不能养指甲，（22）即便是为了掏耳屎养小指甲也难看。（23）堂堂大男人却十指尖尖，成何体统？

············

（24）男人千万别织毛衣；（25）千万别男扮女装，（26）擦胭脂抹口红，（27）捏着嗓子唱歌；（28）男人（顺接－并列）<u>还</u>忌讳有鲜润红亮的唇，（29）鲜润红亮在一圈黑胡楂子中同样令人惨不忍睹。（30）（逆接－转折）<u>不过话又说回来</u>，人家若天生一副红唇怎么办？（30）有一个办法便是抽烟，（31）一抽颜色就能沉着起来。（32）（逆接－让步）<u>当然</u>，这是一句玩笑话了。

（节选自池莉《男女有别》）

以上标记的逻辑词能标示出语篇的连贯关系，当然语篇中还蕴含着隐式的、没有逻辑关系词的连贯关系，此节中我们不予以讨论。

显式连贯关系主要通过语法性词汇进行识别，Halliday & Hason所说的连词、连接副词和部分介词词组等连接成分属于语法性词汇的识别，由于这种识别通常是规定性的，因此对于计算机的自动识别准确率较高。在识别过程中，语法性词汇要优先进行识别。

4.3.3.2 话语隐式关系的识别

话语隐式关系指缺少连接话语单元间的显示连接词，其关系是通过逻辑语义上的语义关系将话语单元连接在一起。因此相比于显示关系的识别，隐式关系的识别难度加大。

以话语标记语为驱动用来判断话语的连贯关系有其局限性，因为并非所有的句间关系都有关联标记作为提示，这样的情况下，将会影响计算机的自动识别。通常情况下，紧密相邻的句子之间也含有互相关联的语义关系，被称为意合（parataxis）（李佐文，2003）。相比于显示连贯关系的识别，现阶段判定隐式连贯关系是面向计算的话语语义关系分析的难点，其识别率只有40%左右，而显式连贯关系的识别准确率目前可达到90%以上。（宗成庆，2013：292）

目前，汉语语言学界对于连贯关系的自动标注主要通过复句的连接成分进行识别（如姚双云等，2012），显然这样的识别结果只适合于显式连贯关系，如果句中缺少连接成分，那么此方法则不再适用。廖秋忠（1992：85－88）提出，由于连接成分在话语中和在句子中的相比也有其自身的一些特点，所以此方法有其局限性，并不能直接套用去判断话语连贯关系。

我们不以提出或穷尽汉语的连贯关系为目标，只是通过构建以自然语言处理为导向的话语意义计算的框架，涵盖并讨论连贯关系的问题。如上节显式连贯关系存在分类问题，同样存在于隐式连贯关系中。本书参照廖秋忠（1986），对汉语连接成分的分类，Mann and Thompson（1988）修辞结构理论，Hyland（2008）对元话语的分类，和邢福义（2001）对汉语关联词的分类标准，试提出以下不完全的分类：

表3　隐式关系分类

关系类型	关系图示	关系类型	关系图示
顺序 sequence	●→●	详述 elaboration	★←●
递进 progression	●→●	总结 summary	●●→★
因果 sause-result	●→●；●←●	条件－结果 condition	●→●
目的 purpose	★←●；●→★	推论 reference	●●→★

续表3

关系类型	关系图示	关系类型	关系图示
让步 concession	●←●	对比 contrast	●←→●
问题 – 解答 solutionhood	●→●	背景 – 主体 background	●→●
解释 interpretation	★←●	评估 evaluation	●←●
转题 shift	★→★	课外 P. S.	★→●

下面我们尝试对一篇语料的逻辑语义连贯关系进行标识（EC：显式连贯，IC：隐式连贯），语篇中用括号"（ ）"作为切分两个相邻话语单元之间的标记，其中左括号"（"和右括号"）"分别标示上一话语单元的结束和下一话语单元的开始，"（）"中的内容为两相邻话语单元间的语义连贯关系。例如：

（IC 总结●●→★）（1）所谓小传只给了我们这五条材料，（IC 详述★←●●）［（EC 转折●→●）（2）虽简略，（EC 转折●→●）（3）却具权威性。］（EC 条件）（4）如果感到歉然，（●→●EC 结果）（5）我们可以到《庄子》书中去搜索材料。（IC 详述★←●●）（6）其间故事不少，（EC 递进●→●）（7）而且生动有趣，（IC 评估●←●）（8）可补小传不足。（IC 转题★→★）（9）今将搜索所得综述之。

（★←●●IC 详述）（10）庄先生在家乡做个管理国有漆树园林的吏员，（★←●IC 详述）（11）收入微薄，（IC 详述）（12）仅足糊口。（IC 背景）（13）公务闲暇，（●→●IC 主体）（14）著述自娱，（●←●IC 评估）（15）亦颇快乐。（IC 原因）（16）某年春荒，（●→●IC 结果/问题）（17）无粮下锅，（●→

●IC 解答）（18）不得不去找监河侯借粟米。（IC 详述★←●●）
（19）监河侯是宋国黄河水利官员（IC 详述）20）庄周的旧友，
（IC 详述）（21）为人极悭吝。（IC 顺序●→●）（22）他说：
"好吧。（IC 条件）（23）到了年底，领地百姓给我交纳赋税来，
（●→●IC 结果）（24）我一定借给你三百金。"（IC 顺序/原因/
问题●→★）（25）庄先生被戏弄，（IC 结果）（26）气得眼鼓鼓
的，（●→●IC 解答）（27）不好发怒叫骂，（EC 选择●→★）
（28）只能讲个笑话揶揄自己，（IC 详述●←●）（29）讽刺对
方。（IC 详述●←●）（30）笑话大意是说："我是一条鲫鱼，
（IC 详述●←●）（31）躺在路边车轮碾的槽内，（详述〔（IC 条
件）（32）求你给一升水，（●→●IC 结果）（33）便可活命。〕）
（EC 转折●→●）（34）你却绕开我，（IC 因果●←●）（35）说
你要求游江南。（IC 顺序●→●）（36）江南游了，（EC 顺序●
→●）（37）再去蜀国放大水入长江，（IC 顺序●→●）（38）引
长江灌黄河，（IC 目的●→●）（39）让黄河泛滥，（IC 详述●←
●）（40）洪波滚滚来迎我。（IC 解释●←●）（41）你开了骗人
的空头支票，（EC 选择●/●）（42）还不如早些到干鱼店去找
我。"（EC 顺序●→★）（43）后来这个笑话写入《庄子 杂篇 外
物》，（IC 评估●←●）（44）至今令人莞尔。

　　以上的隐式连贯关系的判定是通过人工完成的，对于计算机
自动识别语义关系而言，相比可由语法性词汇识别的显式连贯关
系，隐式连贯关系的判断主要依据语义性词汇识别。语法性词汇
由具有语法意义的连词、连接副词等成分承担，属于连接性词汇

的识别；而对于识别隐性连贯关系的语义性词汇，由有词汇意义的实义词或实义短语来进行识别，属于非连接性词汇的识别，但是其自身并无连接作用，不具备连接功能，却能提示某种连贯关系，如以下词汇在句中单独出现或者配对出现时能够揭示话语的语义关系："看上去"表示评估关系（Evaluation），"居然"表示转折关系（Adversative），"直到"表示结果关系（Result）。（梁国杰，2015）

对于计算机自动识别而言，由于语法性词汇属于相对封闭的集合，识别起来比较容易，然而，语义性词汇需要基于真实语料挖掘句子间的隐式连贯关系集，而且集合的元素相对开放，由于其数量不受限，这将对计算机的自动识别造成困扰。我们可以通过领域作为分类标准，先对专门领域的语义性词汇进行归纳总结，以此提高计算机自动识别的准确率。有鉴于此，我们根据计算机识别的难易程度，判定语义关系的识别顺序为语法性词汇的识别要优先于语义性词汇的识别。

另外，针对隐式连贯关系的识别，当文本中没有没有明显的语义性词汇用于识别时，这时需要利用语义框架进行判断。具体方法见4.3.3.2.2。

4.3.3.2.1　框架的认知功能与心理理据

作为一个认知概念，框架（frame）具有边界的符号功能，可以利用框架划定有标记空间和无标记空间，对象和过程都可以作为框架内的事物。

美国学者M. Minsky（B. Nebel，1999：324－325）最先将框架概念引入计算心理学。框架是有组织的知识束，也是用来表征领域知识的一种心理手段。首先，框架是一种经验组织，它以主题或者序列的方式储存在大脑中。其次，框架具有心理预设功能，由于它可以高度地抽象出概念和情景，使得框架可以对新的事物做出预判。

在 Minsky 之后，R. Fikes 和 T. Kehler 将框架理论做了进一步的完善。（B. Nebel，1999）他们认为，首先，框架的组织是分等级的。例如，在"卧室"框架下有"家具和布局"的框架，在其上又有"房子"的框架。其次，信息槽（slot）决定了框架的属性，信息槽又由填料（fillers）构成。从框架到槽再到填料即知识的处理过程，填料的解释和计算就是知识的理解过程。最后，他们强调了框架的继承性。由于框架按照等级进行组织，继承性使等级之间具有包含关系。例如，在"宇宙－银河系－太阳系－地球"这个框架系统中，每个上位的等级框架都包含下位的等级。虽然，Minsky 框架概念的提出主要用于 AI 领域解决机器人的视觉和视记忆问题，但是，由于框架的预期驱动性质，使得它在识别和理解问题中都得到了广泛的应用。

4.3.3.2.2　基于框架语义的隐式连贯关系的推理

对于框架语义的隐式连贯关系的推理研究，我们借用宾州篇章树库（Penn Discourse Treebank，PDTB）中的相关概念和分类进行本节的探讨。PDTB 是一种论元关系语料库，其中统一将具有独立语义的句子或子句称为论元。谓词为连接词，连接词用来连接论元对。连接词前面的论元称为前置论元（Arg1），其后的论元称为后置论元（Arg2）。分析连接词所连接的前后论元之间的关系成为篇章分析的首要任务。

PDTB 中篇章的语义关系分为三个层次：第一层包括扩展关系（Expansion）、偶然关系（Contingency）、对比关系（Comparison）和时序关系（Temporal）四大类；而四类关系中的每一类依据语义又可划分为多层子关系，这里暂不赘述。

例如，偶然关系又继续划分为因果（Cause）和条件（Condition）等第二层关系，第二层关系还可以再进一步分为多个子关系。基于此，PDTB 中的篇章语义关系，依据论元对（表示为"Arg1 – Arg2"）之间是否存在谓词可以划分为显式关系和隐式关系两类，这和我们之前探讨的显式语义关系的识别划分依据相一致。我们看下面的例子：

1）Arg1：I tried two shirts. 我试穿了两件衬衫。

   Arg2：but neither fits me. 但没一件合适的。

   Relation：comparison. Contrast 篇章关系：比较 – 对比

2）Arg1：Boston Celtics is beat by Detroit Pistons.
   波士顿凯尔特人队被底特律活塞队打败。

   Arg2：[Implicit = So] Detroit Pistons win the game
   [所以] 活塞赢得比赛

   Relation：Contingency. Cause 篇章关系：偶然 – 因果

以上给出的示例中，例1）中的两个论元间是显式关系，通过显式连接词"but"相连，即为显式论元关系（Explicit Discourse Relation）的论元对，通过连接词可以直接反映或指定论元之间语义关联的类别，篇章关系为比较 – 对比。例2）中缺失显式连接词，通过推理前后论元间的语义关系可知论元对间属于因果关系，前后论元称为具有隐式关系（Implicit Discourse Relation）的论元对。以上可知，判断连接词或者篇章关系，主要是以前后论元之间的语义信息和事物间的本源逻辑为推理的依据。

鉴于显式连贯关系可依据连接词直接判断，计算机对于显式连贯关系的识别率已经接近93.09%。相对而言，隐式篇章关系中缺少连接词的提示，计算机判断连贯关系仅能通过上下文、语义、逻辑结构等信息进行推理。而上下文的模糊性、语义关系的歧义性等都将导致隐式篇章关系检测的性能下降。所以计算机对隐式篇章关系检测的正确率仅约为40%。

对于缺少连接词的论元之间的语义关系如何识别？基于框架语义的隐式篇章关系的推理为这一问题提供了解决的思路。我们可以将论元整体的语义表述通过框架语义进行抽象，依据框架语义关联信息在大规模文本数据中的分布概率来计算语义层面上论元间的关系属性。我们试分析如下示例：

He was shot by a terrorist. He unfortunately passed away.

Arg1：He wasshot by a terrorist. 他被恐怖分子射中。

Frame 1：Attack（框架 1：袭击）

Arg2：He unfortunately passed away. 他不幸逝世。

Frame 2：Death（框架 2：死亡）

通过 Frame 1 和 Frame 2 之间的关系来判断篇章的语义关系，

两个论元间属于偶然－因果关系（Contingency、Cause）。以上示例中，Arg1 的框架类别为 Frame 1：Attack，Arg2 的框架类别为 Frame 2：Death，通过 Frame 1 和 Frame 2 二者的"偶然－因果"关系即可替换推断 Arg1 和 Arg2 之间的语义关系，以上推理的过程就是隐式连贯关系的计算过程。简言之，隐式连贯关系可以通过推断论元抽象化后概念间的语义关系来判断。

鉴于此，论元的框架语义识别标准是判断隐式关系的关键，可通过基于框架语义知识库中的框架（Frame）作为论元核心目标词（Target）抽象的结果。具体而言，上述示例中框架"Attack"和框架"Death"分别对应论元中的核心目标词"shot"和"passed away"。

利用框架语义辅助篇章关系识别的具体操作为：首先，通过概念间抽象的关系属性反映论元间的语义关系；其次，鉴于语义的衔接关系可以通过框架语义间表现出来，而论元的核心框架是论元整体的语义抽象的结果，具有强概括性。因此，我们可以通过框架语义之间的关系从宏观的角度推理隐式关系中论元之间的语义关系。

4.3.3.2.3 利用词汇语义关系判定隐式连贯关系

除了上文中利用框架判断隐式关系的方法外，利用词汇之间的语义关系也可以判断话语的隐式连贯关系。对于隐式关系的识别本质上是分类问题，即推理两个话语单元或者论元之间逻辑语义关系的类别。我们可以通过有指导的方法来抽取训练语料的特征，进而训练隐式关系间的识别模型。特征的抽取可以按照如下三个层面进行。

（1）通过词汇之间的情感极性判断隐式关系，情感极性信息能够反映话语单元间的关系类型，例如：

山村的孩子生活［贫困］，孩子们却感觉生活得很［幸福］。

上例中，［贫困］在情感极性信息中属于贬义，而［幸福］在情感极性信息中属于褒义。通过观察，二者极性信息呈反向。因此，我们可以推断出两个话语单元间为转折的语义关系。此方法采用了词汇的极性特征，可利用的资源如大连理工大学的情感分析词典，通过分析词典中话语单元的词汇情感极性特征，进而获得话语单元的情感极性特征结果。

（2）通过词汇的关键词特征判断隐式关系，即上文中我们讨论过的语义性词汇标记，例如：

几年没摸过球拍的他，［居然］还可以打得这么好。

例句中的［居然］表示转折关系，因为从功能的角度讲，后续内容是对前述内容的逆转，在关联词词典中没有出现［居然］，但可以在同义词词林中找到，它和表示转折的一类连词位于同一类别，如但是/但、可是、然而、只不过、只有、却、想不到、居然、唯独。我们可以通过同义词词林中的类别信息挖掘关联词词典中未覆盖到的指示词信息。

（3）基于核心动词判断隐式关系，通常句子之间的语义关系可以通过句中的谓词进行推理。例如：

李大娘上周下雪的时候［滑倒］了，［住院］一周了才能下床。

上例中［滑倒］和［住院］之间提示了一种因果关系。因为［滑倒］，所以导致［住院］，两个动词表明了两个话语单元间的搭配特性，通过动词之间的语义关系有助于识别话语单元间隐式的语义关系。

4.3.3.3 话语连贯关系识别流程

基于上文对显式和隐式关系的论述，对于连贯关系的识别我们可以形成这样的逻辑思路：语法性词汇标记优先于语义性词汇标记进行匹配，匹配成功则为显式连贯关系，并输出具体连贯关系类别。当文本中对语法性词汇标记没有匹配项时，便转向隐式连贯关系的判定，语义性词汇标记又优先于目标词对于框架的匹配，如果能够匹配语义性词汇标记集，则输出具体连贯关系。若匹配失败，则走向下一阶段，通过目标词激活框架知识库来匹配语义框架集，如果成功匹配，则输出框架之间的关系，从而判断连贯关系。识别过程的逻辑思路具体表述如下：

Insert texts

Is there a grammatical lexical marker? Refer to Grammatical Lexical Markers list

If yes then

Match with the set of coherent relation,

If complete, then

Out put {coherent relation}

If failed, then

Texts collected for manual review

If no then

Is there a semantic lexical marker? Refer to Semantic lexical Markers list

Match with the set of coherent relation,

If complete, then

Out put {coherent relation}

If failed, then

Texts collected for manual review.

If no then

Review the texts

Is there a target word? Refer to Frame Knowledge Base,

If yes then

Match with the set of Semantic Frame ,

If complete matching then

Out put the {Frame Relation}

Out put {coherent relation}

If failed matching then

Texts collected for manual review.

If no then

Texts collected for manual review.

下图中缩写的含义分别为：grammatical lexical marker = GLM；semantic lexical Marker = SLM；target word = TW；frame knowledge base = FKB；coherent relation set = CRS；semantic frame set = SFS；coherent relation = CR；frame relation = FR.

我们将显式连贯关系和隐式连贯关系识别的程序流程整合后表示为图 11 所示的流程。

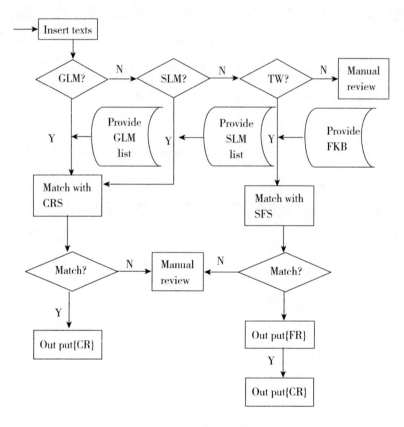

图11 显/隐式关系识别流程图

4.4　话语语义的表征方法

话语语义内容的组织形式，即语义结构（semantic structure）可以用三种抽象化的形式表征出来：线状、树状、盒状的语义表征。我们之所以研究话语语义的表征方法，是为了计算话语结构，因为很多应用会从中获益。例如，利用话语结构摘要系统可以只选择话语中的中心句，而摒除次要的信息。如下列例句：

John went to the bank to deposit his paycheck.（S1）

He then took a train to Bill's car dealership.（S2）

He needed to buy a car.（S3）

The company he works for now isn't near any public transportation.（S4）

图 12 是由这些句子的连贯关系所导致的话语结构。

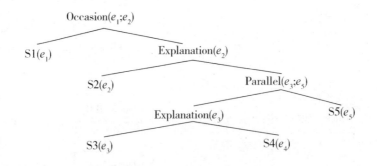

图12　例句的话语结构

（冯志伟，孙乐，2005：318－321）

当应用如上例句时，生成简单摘要的系统可能只会选择句子 S1 和 S2，因为事件表示被传往顶层结点。生成更详细摘要的系统可能会包括句子 S3 和 S5。类似地，信息检索系统也可能对位于话语结构高层部分的句子所带有的信息给予比其他信息更大的权重，生成系统为生成连贯话语也需要话语结构知识。

4.4.1　基于线状图语义表征方法

语篇线状图的表示形式是一个依据原文的顺序，通过话题内容将话语中的语段（span）逐一列举的过程，对于话题的标签不予限制，因此这种表示也是最直接和简单的方法。

由于通过线状图表征的语义信息是依据话语内容的顺序所做出的话题再现，因此，从宏观的角度其所展示的内容与原话语最接近。我们可以通过概括性的命题标示话语内容的各部分情节内容，按照话语中信息出现的顺序进行表征，表征结果呈现的是一条表示话语主要话题的命题所组成的线。例如：

一个描述利用互联网订火车票的文本，其具体的订票过程的描写很烦琐，然而通过对每个步骤的命题进行提取可以以线状图的形式表示为：

登录→车票查询→车票预订→订单确认→网上银行选择→网银支付→支付成功

实际上，这样的描述就是文本的线状语义表征。这种语篇语义的表征手段是语篇理解的最基本的工作。虽然通过线状的表征可以标示出语篇的语义核心结构（core structure）信息，但是对于这些信息的形成过程却没有明确的说明，仅仅给出了语义结构的表征结果。

话语单元间的依存关系的表征也是呈线形排列的。1959 年，Tesniere 提出了 stemma 结构。目前，人们都认为他是依存文法在语言学上研究的第一人。Tesniere 提出，句子中的词以及词和词之间的关系构成了句子的内在结构，句子中结构性的联系通过词之间的依存关系建立起来，即通过支配词（governer）和从属词（dependent）将句子联系起来。

在自然语言处理过程中，适切的句法分析是必要的。而利用依存句法进行句法分析是自然语言理解的有效手段。这种分析以描述语言结构框架为目标，通过句子中词和词之间的依存关系理解句子结构，又称从属关系语法。它与成分句法差异巨大，认为结构没有非终结点，词和词之间构成依存关系，进而形成一个依存对。其中一个是由动词承当的支配词，其不受其他任何成分的支配，另一个是从属词。从属词和支配词是多对一的关系。换言之，一个从属词只能依附一个支配词，而一个支配词可以支配多个从属词。从属词也可以作为支配词被其他词依赖。同理，支配词也可作为从属词依赖于其他支配词。这种词和词之间支配和从属的关系即为依存关系，这种关系是有方向的，但并不对等。这样，依存句法结构就可以看作一棵依存句法树。

通常情况下，一个句子只包含一个谓词，这个谓词可以由动词、名词或形谓词充任，称为核心词。核心词对主语加以陈述，用来解释主语"做什么""怎么样"或者"是什么"。依存树以核心词为根节点，依存关系的类型由依存对中两个相互依存的词决定。

计算语言学家 J. Robinson（1970）提出四条公理用于分析句子依存关系：

（1）一个句子所包含的独立成分是唯一的；

（2）句子的其他成分都受某一成分支配；

（3）任何一个成分都至多依存于一个成分；

（4）如果成分 A 和 B 是从属关系，A 和 B 之间假设加入成分 C，此时对于 C 的支配成分可能有三个：A 或 B 或介于 A 和 B 之间的其他成分。

我们看下面的例子：

1）［John has a lovely evening］约翰度过了一个愉快的夜晚

2）［He had a great meal］他吃了大餐

3）［He ate salmon］吃了三文鱼

4）［He devoured cheese］吃了奶酪

5）［He won a dance competition］赢得了舞蹈比赛

这五个句子之间的依存关系如图 13 所示。

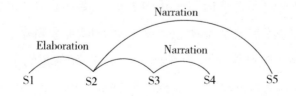

图 13　依存关系图 Dependency Tree

以上的五个句子间的语义关系是基于依存分析的表示方法。S1 是总述句，它与 S2—S5 之间是详述关系，S2 与 S3 和 S4 之间也是详述关系，S3 与 S4 之间是并列关系，S2 与 S5 之间也是并列关系。这种话语单元间的依存关系呈线形排列的表征形式，可以很容易地判断出话语单元简单语义关系，更有助于计算机对自然语言的识别理解。

4.4.2 基于树状图的语义表征方法

基于树状图的语义表征方法，其横向表明小句间的语义关系，纵向表示小句间的语义关系的操作过程，小句间如何组织合并成更大的语义单位直至形成整个篇章修辞树，树状图的语义表征方法表现了语篇各部分的主要话题与整个语篇的主题之间的语义关系。利用树状图的语义表征手段，可以清楚地标示出语篇各个话语单元之间的语义关系，从而呈现整个语篇的语义是如何构建的。

关于树状图语义表征的理论很多，如 van Dijk（1980）提出的宏观结构理论，这种树状图语义表征方法相对简单。Van Dijk 的模型将语义的宏观结构用树状图表征，其中小句是语篇意义的最小单位，是语篇的基本命题。基本命题间通过删除、合并、概括等宏观操作原则得出宏观命题，它是基本命题的上层语义单位。宏观命题还可以按照宏观操作原则继续向上层推进，由此逐步得到整个语篇的宏观命题。以上过程从语篇的基本命题开始，经过组合、分类、分级等操作，最后得到语篇宏观结构，这个过

程可以利用一个倒置的树形图（图 14）来表示。 （van Dijk，1980：43）

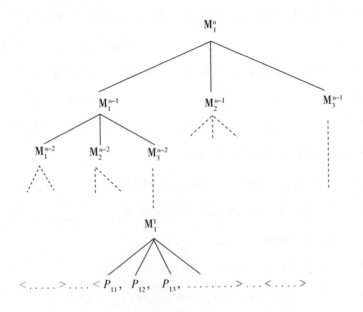

图 14 语篇宏观结构示意图

（van Dijk，1980：43）

图 14 中 M 用来表示宏观命题，M 右上角的数字用来表示级别。语篇宏观结构示意图展示了从下层的微观命题到最高命题 M^n 的多层次命题结构，这里包括 n＝0 的情况，即微观结构和宏观结构重合，显然，此时组成语篇的句子数量很少有可能只有一个句子。

语篇宏观结构树状图所表征的语义关系只标示了不同层次的语义项之间的关系，对于各个语义项之间的关系无从标示。相比而言，修辞结构理论的树状图表征方法弥补了宏观结构树状图的不足，它能反映出小句之间的关系以及自下而上的建构过程。

　　基于修辞结构理论的语篇语义结构的表征方法能更明确地表示语段之间的关系。小句是语篇的基本单位，在树状图中是树叶。根据核心性的级别，每个跨句形成的语段分为核心（nucleus）和卫星（satellite），核心语段表达中心信息，卫星语段表达背景或者辅助性的信息。级别不同，其标注方法也有区别，直线表示核心句，弧线表示卫星句。语篇关系（discourse relations）用来连接临近语篇的跨句。以上文的例句为例，我们用修辞结构理论进行标注后的结果如图 15 所示。

1）［John has a lovely evening］约翰度过了一个愉快的夜晚

2）［He had a great meal］他吃了大餐

3）［He ate salmon］吃了三文鱼

4）［He devoured cheese］吃了奶酪

5）［He won a dance competition］赢得了舞蹈比赛

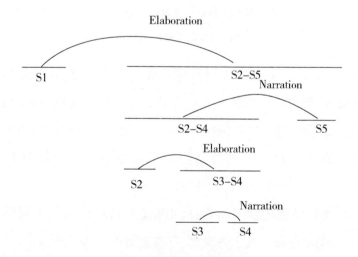

图 15　示例中修辞结构树

Rhetorical Structure Theory（RST）

图 15 中 S2—S5 是对 S1 的详述，S2—S4 与 S5 之间的关系是并列，S3—S4 是对 S2 的详述，S3 与 S4 之间是并列关系。从修辞结构树状图更容易观察出两个语段之间的语义关系或意图。

通过树状图进行语义表征的还有宾州篇章树库（PDTB），它以词法为基础，通过谓词 – 论元的形式标注篇章结构，以连接词驱动论元，将语义关系分成显式和隐式两类，从而形成具有语义类别的关系。PDTB 体系进一步完善了 RST 理论，对于隐式关系的识别，首先通过人工添加连接词作为语义关系识别的标记。PDTB 中最小的语篇单元是从句而非短语，这提高了系统的实用性。

作为篇章连贯性识别的资源建设，PDTB 共标注了四类篇章关系分别为：显式/隐式连接关系（Explicit/Implicit Relation）、基于实体的关系（Entity – based Relation）、替代词（Alternative Lexicalization）以及无连接关系（No Relation）。对于显/隐式关系类型识别的具体分析过程，见如下实例：

例 1：

Arg1：This car needs to be repaired. 这辆车需要修理。

Arg2：But there's no auto parts matched it. 但是没有合适的匹配零件。

Relation：Comparison. Contrast. Juxtaposition.

例 2：

Arg1：And they were friends. 作为好朋友。

Arg2：［Implicit = at the time］This friendship was the best experience of his life. 这种友谊关系伴随他一生。

Relation：Temporal. Synchrony.

例 1 表示的是 PDTB 中的显示关系，but 作为连接词，连接 Arg1 和 Arg2 两个论元，表示二者的语义关系为对比（Comparison）关系。例 2 表示的是 PDTB 中的隐式关系，由于两个论元间缺少连接词的连接，因此通过人工添加连接词"Implicit = at the time"判断论元对之间的语义关系为"时序（Temporal）"关系。

综上分析可知，PDTB 对篇章的语义关系进行了严格的区分，且显/隐式关系的具体类型层次界定明确，进而为话语语义关系识别的语言资源建设提供了一定的基础。我们看下面这个例子：

1）［John has a lovely evening］约翰度过了一个愉快的夜晚

2）［He had a great meal］他吃了大餐

3）［He ate salmon］吃了三文鱼

4）［He devoured cheese］吃了奶酪

5）［He won a dance competition］赢得了舞蹈比赛

这五个句子在 PDTB 中的表征关联如图 16 所示。

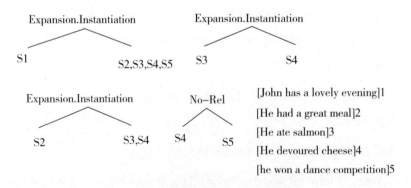

图 16　示例中宾州篇章树库（PDTB）

通过上面的宾州篇章树图可以观察出，S2—S5 是 S1 的实例，表示为总分关系。S3 和 S4 之间是并列的连接关系。S3—S4 是 S2 的实例，形成总分关系 。S4 与 S5 两句没有形成任何关系。PDTB 不排斥交叉和语义关系的跨越，使语篇的结构分析更具有表现力和实用性，其通过修辞结构和语义关系的判定，便可以得到一定程度的话语语义信息。

4.4.3　基于盒状图的语义表征方法

盒状图的表征方法主要依据的是荷兰逻辑学家 Kamp 于 20 世纪 80 年代初提出的话语表征理论（DRT）。这是一种动态语义学理论，主要关注驴子句前指问题及模型论语义学中缺乏的对动词时态（tense）和时体（aspect）问题的处理。形式语义学家认为语言是抽象的系统，句子由命题以及命题的内容表现。然而话语表征理论认为意义是人的一种心理表征，通过思想传达出来。DRT 除了关注句子的真值条件外，还重点关注话语理解者对于句子的解读。

DRT 由三个部分组成，分别为：句法规则、话语表征结构（Discourse Representation Structure，DRS）的建构规则和话语表征结构的语义解释。句法规则即句法算法；话语表征结构的建构规则即语言形式和语义之间的转换模式；话语表征结构的语义解释是通过真值条件模型论语义学方法实现的。

DRT 的核心部分是 DRS，以盒状图表示每个 DRS，其中包括论域（universe）和条件（condition），论域为 x、y、z 等变元内容，每个 DRS 的盒顶端的变元表述可以是一元谓词到四元谓词不等，通过条件对 DRS 的构建进行约束。如果句中带有否定概念，那么需要在盒外添加否定符号"¬"表示否定意义。以"A man came in. He didn't see the woman."为例，依据句子的行文顺序，这两句的语义流为"A man came in."首先进入盒子，x 作为变元置于第一行论域中，随后进入主框，came in 是 x 的述谓成分，同时 man 受 x 的约束。"He didn't see the woman."是"A man came in."内嵌于主框内的 DRS，和上一句一样，he 受 y 的约束，he 的所指对于上句中主框 DRS 论域内的 man 来说是认知可及的，同时依据 x，y 变元的性数判断可以推导出 he 和 man 之间的回指关系。如图 17 所示。

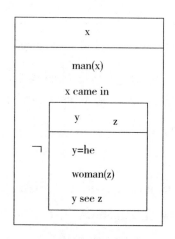

图 17　语篇表征结构（DRS）

（Kamp, 1981）

在上例中，由于句子结构简单，对于判断回指语 he 比较容易，但当主框内的话语结构变得复杂时，如果同一个辖域范围内有多个名词短语的性和数都与回指语 he 相一致，那么仅依据性和数来对回指语进行判断，对于 DRT 的盒装图的解释就会受到局限。

　　基于 DRT 的局限性，Asher 在其基础上提出了语篇表征理论（SDRT）。基于 DRS 的分析基础单位，SDRT 更关注句子和语段的表征形式，单位上了一个层级，认知层次提高，而不是像 DRT 中将单位限制在句子内词语变量，SDRT 将话语关系引入表征结构，更关注话语关系对话语意义和话语连贯造成的影响。具体而言，语篇表征理论的分析局限于语句层面上的时间关系，然而分段式语篇表征理论将重点放在话语结构上，忽略句法分析。相比于 DRT 只分析时间关系而言，SDRT 可以分析更多的语篇关系并确定语篇话题，以命题作为分析的基本成分更利于确定回指语的先行语指向。分段式语篇表征结构（Segmented Discourse Representation Structure，SDRS）由成分和条件两部分构成，后者用来说明前者之间的语篇关系。具体实例如下：

　　［k₁］I ate lovely dinner. ［k₂］I had quenelles de brochette. ［k₃］I had salmon. ［k₄］I had duck. ［k₅］I had a nice wine. ［k₆］I then went for a walk around the cold city. （Asher，1993：279）

　　以上段落由 6 句话组成，我们可以将其看作 6 个命题，分别用［k₁］—［k₆］序列进行标记，下面的树图和盒状图标示了［k₁］—［k₆］的语义结构关系。Asher 指出，图中从下至上可知，k₂—k₅等级相同，是"连续"（continuation）关系，K 由 k₂—k₅组成，与 k_1 之间是"详述"（elaboration）关系，k_1 和 k_6 并列构成 continuation 关系。k_0 是语篇的总命题，它是 k_1 和 k_6 抽象后的更高的认知层面。假设 K_6 之后还有一个句子，其间出现了抽象回指语 that，语篇重新整理为：

I ate lovely dinner. I had quenelles de brochette. I had salmon. I had duck. I had a nice wine. I then went for a walk around the cold city. That was really cool.

此时，问题出现了，"that"的语义指向是其之前的语篇，那么相对于 k_0 认知层面而言，"that"的语义指向与从 k_1 和 k_6 所抽象出来的隐性话题关联，或与之前话语所提及的其他命题语义共指，还有待进一步讨论。如图 18 所示。

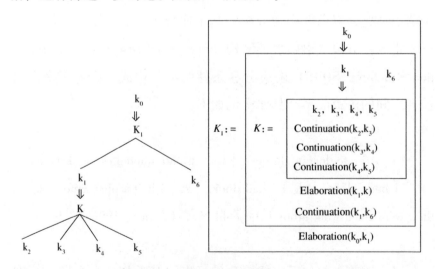

图18　分段式语篇表征结构（SDRS）

（Asher，1993：279）

我们在引用 Asher 的文献中探讨的焦点主要是两种语义关系：

continuation 和 elaboration，分析后我们提出自己的观点：k_1 和 k_6 之间的语义关系更接近 continuation，而 k_2—k_5 之间的语义关系更接近 elaboration。

4.5 本章小结

本章首先从话语的衔接性和连贯性两个方面对话语语义关系的识别和理解进行阐释。衔接性主要通过所指判定体现，所指判定的过程通过词汇链和事件链的形成过程予以体现。词汇链的构建是一种词汇级的语义关联，利用词汇（或短语）之间的语义关联来表示篇章中各语言单元之间的关系。而连贯性则可体现话语的整体性特征，是话语中句子级的语义关联，通过句子间的语义连接来表示话语的关联，进而通过对话语单元的识别结果进一步判断其连贯关系，并提出了综合话语显式连贯关系和隐式连贯关系的识别过程，及其识别的实现流程。其次，从表达和内容两个角度，阐释了在篇章连贯性和衔接性的共同作用下，话语的语义关系的生成过程，这是话语意图理解的前提。最后，阐述了如何通过话语的语义表征计算话语的意义。

5　话语意图的计算

5.1　引言

基于上一章对话语衔接性和连贯性识别的计算分析，计算机通过话语表层的形式特征识别语义关系。本章我们对话语更深层次的话语意图理解进行分析。我们挖掘话语语义特征的同时，更强调话语理解者获得新信息后产生的某种期望，这种期望会影响话语的理解程度。计算机通过动态语境约束话语的语境意义，进而计算话语的意图。话语意图的计算与话语理解存在密切的关系。

自然语言理解的关键是抓取文本的特征，因为特征可以显示说话者的意图。例如，用于输入的查询"术后可以吃海鲜吗?"中的【吗】字是一个很强的疑问特征词。而"iPhone8 国行"中【iPhone】【8】【国行】这些构成了产品购买的特征词。"松下

328 传真机参数"中的【参数】即为产品的详细型号查询的特征词。对于这些显示语义的特征词，计算机需要对其形式化才能识别，从而达到理解的目的。

本章首先从认知的视角阐释话语意图的计算，我们试图将话语理解者替换成计算机来理解话语生成者输入的话语意图。其后，本书梳理了面向计算的话语意图理解的理论框架。最后，我们基于指定语料中文本的特征，构建短语特征库。依据特征库中的短语组块规则匹配背景框架，目的是计算指定目标词或目标短语的具体语境意。同时，本书对已构建的话语意图的理解模型进行了检测，并对计算结果给予讨论与分析。

5.2 话语意图计算的途径与方法

本节基于认知的视角，对话语交际过程中，话语意图理解的前提及策略进行了梳理。话语意图是话语交际的目的，更是理解话语意义的核心。话语意图的计算过程是话语意义的理解过程或推理过程。话语意图计算的三要素：溯因、信任和情境推理，它们为话语的推理提供了可行性的方案。从认知的角度理解话语，更有利于机器模拟人脑的推理计算，为计算机理解人类语言提供了可靠的理据。

5.2.1　话语意图的认知计算

话语交际的目的就是要理解话语的意图，那么理解话语意图需要具备怎样的前提？在交际过程中，虽然交际者的目标不同，但要保证交际的成功，交际双方必须共享一组共同的心智状态。话语意图由话语的意向性及意向内容两个部分组成。如何理解话语意图，这涉及交际过程中话语策略的问题。话语的认知框架为意图的理解提供了解决途径，本节从以下几方面分别展开讨论。

5.2.1.1　话语交际的目的：话语意图的理解

如果从认知的角度考虑话语的计算，那么关联理论为我们提供了合理的解释。计算的过程即为推理的过程。关联理论把语言交际视为一种认知过程，并提出由于人类存在共同的认知心理，我们可以凭借有关的知识去认识事物，把认知主题与认知对象连接起来，这是人类用语言进行交际的原因。认知行为的本质决定了推理的认知过程。话语生成者将交际意图通过语言的形式表达，进而获得话语理解者的关注。同时话语理解者通过其认知能力，推断交际信息，这些信息受交际意图支配，依附于语言表达式，且与认知环境相关，从而协助话语理解者理解话语的意图。

话语意图既是言语交际的目的，又是言语交际行为的动机。通常情况下，只要言语交际行为存在，交际意图就存在。话语的交际意图是话语意义的核心和基础，这便是为什么要计算话语意义就要理解话语意图。

5.2.1.2　话语意图理解的前提

5.2.1.2.1　共同心智状态

本质上，话语交际是指两人或多人之间的合作性活动。交际的意义由交际双方共同构建。在交际过程中，虽然交际者的目标有差异，但要保证交际的成功，交际双方需要共享一组共同的心智状态。交际成功与否，这取决于交际双方能否保持谈话的协调。交际不是简单的信息传输，如果仅研究话语生成者或话语理解者，会使交际活动不完整，这样不利于问题的解决。因此，说话人必须有意向地参与共同的交际活动。交际过程中的心智状态和意向性是话语意图理解的基础和前提。

如何顺利地理解话语意图？这需要话语理解者知道话语生成者的话语信息。假设有话语生成者 A 和话语理解者 B，A 说出话语命题 P，那么 P 需要为 B 所知，即 A 与 B 共享 P。

首先，我们对知识与信念，相互、共同与共享，进行如下区分：

（1）知识与信念

柏拉图曾提出一个影响深远的知识观，他将知识看作确证了的真信念（柏拉图，1963），在柏拉图知识观的基础上，葛提尔将知识的形式定义如下（Gettier，1963）：

"S 知道 P" 当且仅当：

①P 是真的。

②S 相信 P。

③S 相信 P 是经过证实的。

　　以上定义表明了知识的两个特征：首先，如果知识是信念"S 知道 P"，说明 S 相信 P；其次，P 必须为真。关于知识是否就是信念的问题，还存在争议，对此问题我们不过多讨论。这里只对特征①进行了确认，如果 P 是知识，那么 P 为真。只有被确认为命题为真的，方可成为知识。

　　相比于知识，通常信念被认为是一种命题态度（陈嘉明，2002）。无论命题是真是假，主体有权利选择是否相信。信念的形式定义如下：

　　"S 相信 P" 当且仅当：

　　①S 肯定 P。

　　②S 肯定 P 是有理由的。

　　知识与信念的区分条件为：首先，知识的对象是命题，知识是真的信念，即真命题，而信念的对象是命题态度；其次，知识是经过确证的命题，信念则存在可靠程度问题；最后，二者的表示形式不同，知识为 "S 知道 P"，信念为 "S 相信 P"。区分知识与信念的定义，目的是协助我们理解话语交际中，交际双方所具有的是知识，还是信念的问题。

　　话语交际过程中的信息表达有两种形式：话语的字面意义和话语的意图。话语的字面意义为话语意图服务。话语交际的目的不仅是传递字面意义，更是要表达话语生成者的意图。知识是真信念，而信念是命题态度或者意图，可以为真，也可以为假。更具体地说，在话语交际过程中，话语生成者所传递的信息，无论是哪种形式，都可能存在假命题。从话语生成者的角度看，话语传递的是信念，只有当信念为真命题时，话语生成者传递的才是知识。

上文我们从话语生成者的角度，看待话语交际中传递的信息。下面我们从话语理解者的角度做进一步阐释。话语理解者所知道的，是话语生成者传递出的信念或者知识，如果用 P 表示话语生成者传递的信念，则话语理解知道 P，即：

①P 是真的。

②S 相信 P。

③S 相信 P 是经过证实的。

如果 P 为真，那么话语理解者知道的就是知识，而非信念。反之话语理解者知道的是信念。更具体的表示如下：

在话语交际过程中，话语生成者传递出的是信念。此时，话语理解者知道的也是话语生成者传递的信念。如果此信念为真信念，那么这种信念就是知识。话语理解者知道的也是知识。反之，话语理解者知道的是信念而非知识。信念要成为知识，需要话语生成者必须有足够的证据去证实。

（2）共同信念、共享信念与相互信念

共同信念（common belief）是指在文化、地域或教育条件相似情况下成长的人们所共同具有的信念。共享信念（shared belief）指用于进一步交流的、协商的共同信念（Hindsight J.，1985）。李盖尔（2001）提出共同信念指长期持有的信念，由特定群体成员相似的背景或教育经历，导致其持有共同的信息。共享信念为交流时被提取的共同信念，是在交流的过程中生成的信念。相互信念（mutual belief）指交际者100%确定共同具有的信念。从定义来看，100%建立在状态无穷倒退的基础上。例如，A相信P，B相信A相信P，A相信B相信A相信P，……基于李盖尔的定义，这三个概念的区别主要在于确定共有的程度不同。他将定义简要概括如下：

共同信念：指群体中的成员长时间内所共同持有的信念。

共享信念：指通过交际的过程所形成的共同的信念。

相互信念：完全确定的所共有的信念。

从定义中可知：首先，三个概念界限的界定不是很明晰。如果说共享信念是用于交流和协商的共同信念，那么表明共享信念是话语交际过程中的信念，这与共同信念相矛盾。依照共享信念的定义，共同信念是交际过程之外的产物，交际主体无法判定。其次，以共享度为驱动进行三个概念的区分，很难将这个度进行量化。一方面，共同信念和共享信念的确定界限无法明确划分；另一方面，对于相互信念中，完全确定共有的部分，没有衡量标准。

马戈尔（G. Meggle，1990）对共享信念、共同信念以及相互信念做了以下区分：

共享信念：群体中的每一个成员都相信P。

共同信念：每个群体中的每个成员相信P，每个成员相信其他的每个成员相信P，每个成员相信其他的每个成员相信其他的每个成员相信P，……乃至无穷。

相互信念：每个成员相信其他的每个成员相信 P，每个成员相信其他的每个成员相信其他的每个成员相信 P……乃至无穷。

L. Lismont（1994）、G. Bonanno（1996）和 A. Orlean（2004）指出如果群体的共享信念为 P，那么群体中的每个成员相信 P。由此可知，共享信念为群体中的任何人都相信的信念。P 是共同信念，若群体中的每个成员相信 P，每个成员相信其他的每个成员相信 P，每个成员相信其他的每个成员相信其他的每个成员相信 P……直至无穷。共同信念和相互信念的共同点是二者都与他人的信念有关，在理论上就会产生无穷倒退的问题。Schiffer（1972）对其梳理如下：

①x 具有特征 f。

②听话人 A 识别出 x 是 f。

③A 从②这个事实中至少推出 B 的话语 x 意图④。

④B 说出的 x 在 A 身上的反应为 r。

⑤A 对 B 意图的识别是 r 的部分原因。

对于话语交际中是否存在共享信念的问题，受认知语境因素的影响。交际双方都具有认知语境，且在交际过程中是动态的。同时，认知语境也受文化、背景、教育等因素的影响，所以一个群体中的成员也具有共享认知语境。有鉴于此，共享信念是存在的。

知识与信念是两个紧密相关的概念，这两个概念通常被形式化为谓词算子或模态算子。传统的观点把信念当作一个基元。

共享信念（shared belief）的定义不仅包括那些言语事件参与者们都所具有的共同信念，而且每个参与者都要意识到其他参与

127

者也具有这些信念。如果从心理学的角度分析，那么共享信念是主观的，共同信念（common belief）则是客观的。事实上，没有人能够完全确定他人是否具有某一知识，我们至多只能预先假定别人具有某方面的知识，并相信他们之间是共享的。辛提卡提出的真正知识（true knowledge），他要求主体必须预先知道他人的心智状态，不能仅根据语境进行推测。每个主体都拥有一组共享信念，包括主体与他人、其他群体或整个人类所共享的所有信念。（布鲁诺·G. 巴拉，2013：57）

关于信念与共享信念的理论还有不动点公理（fixpoint axiom）（Harman，1977）。这个理论解释了相互信念的循环问题：

$$SH_{xy} \equiv BEL_x \, (p^\wedge SH_{yx}p)$$

SH_{xy}表示主体 x 和 y

在区分知识与信念，相互、共同与共享这两组概念后，接下来我们讨论话语的意向。意向性是一个重要的认知概念，其基本含义是一个事物必须指向一个对象。具有意向性的事物，一定和其他的事物相关。由此可知，意向性具有明显的语义特征，能够控制话语的表达内容。（布鲁诺·G. 巴拉，2013：57）

5.2.1.3　话语意图的组成：意向和意向内容

话语交际者的内在动机或者需求促成话语交际的意图，以语言的形式表达出来，目的是使话语理解者了解其话语意图，进而满足其内在需求。话语的意图由意向及意向内容构成。话语意图的性质取决于意向，某种性质意向的具体对象即意向内容。话语的意向性有两层重要含义，第一层含义，是意向总是指称某事物的，它总是关于某人、某物或某事。无论是行为还是心智状态，只要牵涉意向性，就必定存在一个说话者关注的焦点。说话者使他的行为或思想趋向于那个焦点。这层含义称作意向的指向（direction）。第二层含义，意向性总是刻意的（deliberateness）。也就是说，一个具有意向性的行为或心智状态可能包含一个人们期望、决定、选择和追求的核心。这个刻意性的核心（the nucleus of deliberateness）不总是存在，因为做出决定后，并不是所有意向都会形成和实现。

交际行为由多人共同实施，即单个孤立的人无法实施交际行为。交际互动需要至少一个说话人（A）和一个合作者（B），其他参与者（C、D 等）参与交际事件。

交际意向定义为：话语生成者有意传递某种信息，并想要话语理解者识别出其有传递某种信息的意向。更准确地说，A 对 B 具有一个交际意向 p，（A 意欲向 B 传达 p），同时，A 希望 A 和 B 都知道以下两个事实：

①p。

②A 意欲向 B 传达 p。

某个信息被共享还不是真正意义上的交际。真正的交际发生的必要条件是向交际双方有意图地、明确地传递了这样的信息。Grice（1975）指出交际不仅包括说话人的第一层级的意向 I_1，即在受话人身上产生某种效果，还包括第二层级的意向 I_2，即第一层级的意向 I_1 为受话人所识别和领悟。

埃尔伦缇、巴拉和克伦贝蒂（Airenti, Bara and Colombetti, 1993a）的研究表明，如果交际的界定需要考虑第 n 个层级 I_n，那么话语交际者有可能不具有第 n+1 和意向 I_{n+1}。在这种情况下当前的互动情景就不会完全公开，因为情景总有一部分不是交际者意欲被识别的，这部分被视为他的私密。在理论上，这就形成了两种选择：要么假定存在无限层级的意向；要么利用共享信念理论，给交际进行循环定义。交际意向可以用形式化的方式表示为：

$$CINT_{XY}P \equiv INT_X SH_{YX} (P^\wedge CINT_{XY}P)$$

上述公式表示 x 对 y 具有交际意向 P（用符号 $CINT_{XY}P$ 表示），同时 X 意欲（INT_X）使以下两个事实被 Y 和他自己所共享 SH_{YX}：第一，P；第二，说话人让 Y 知道 P（$CINT_{XY}P$）。

我们用容易理解的语言解释，A 想对 B 传达某事，与此同时，A 希望 B 知道他所传达的事物，并且知道 A 有意这样做。

与共享信念相似，交际意向也是语用学的基元之一。也就是说，它蕴含但不仅仅简化为是意向与共享信念的无限层层嵌套。下面是从上一公式得出的逻辑蕴含：

$$CINT_{xy}P \supset INT_x SH_{yx}P$$

$$CINT_{xy}P \supset INT_x SH_{yx} INT_x SH_{yx}P$$

$$CINT_{xy}P \supset INT_x SH_{yx} INT_x SH_{yx} INT_x SH_{yx}P$$

上述公式表示，假设 A 有意向 B 传达某事物，我们就可以推断 A 希望他传递某事物的意向被识别。如果需要，我们还可以推断出，A 希望 B 认识到他的最初意向，即让 B 知道他确实意欲让他知道他在传递某事物，以此类推，直到双方能够理解嵌套序列。（Airenti, Bara, and Colombetti, 1993a）

5.2.1.4　话语意图理解的策略：话语的认知框架

我们认为话语意图也可以被看作认知框架。认知心理学指出，人脑中的知识结构通过框架进行抽象概括为某一范畴的事物的典型特征和相互关系。框架涵盖了有关交际事件的信息知识结构及其客观环境，同时框架也是针对某一主题组织起来的认知结构。（梁宁建，2003：206）

由于框架是从整体的角度去认知事物，即通过大脑中事先形成的对有关对象的整体经验模式来认知事物，这里整体的认知框架是由话语的意图构成的，因此，对于交际的对象从框架出发先进行整体的认知，便可高效地理解话语的意义。

因为意图是由意向和意向内容构成，而意图又能抽象为框架，所以，我们用框架来表示话语意图的结构则为意向 [X]。此框架的具体含义为：交际者的意向为 [X]，[X] 是指意向的具体内容，而话语意图的属性取决于意向而非意向内容。

依据意向的不同性质，可将话语意图划分为不同的意图认知框架。如告知框架，其意图框架表示为：告知 [X]，"告知"是意向属性，"X"是告知内容，即交际主体把某种信息告诉对方。再如，请求框架、意图框架表示为：请求 [X]，"请求"是意向属性，"X"是请求内容，即要求对方做或不做什么。还有意图框架表示为：意愿 [X]，"意愿"是意向属性，"X"是意愿内容，即说话者的愿望，包括意志、希望和承诺等。

以上我们概括地描述了话语意图的几种主要类型，当然，这些并没有穷尽话语交际意图框架的所有类别。由于话语意图取决于人的需求，即需求的种类和数量决定了意图的种类和数量，那么如何抽象地概括意图则需要界定概括标准和确定概括层次。（吕明臣，2005：76）

关于意图的意向属性常常是不用语言形式来表现的，而是隐含的。或者引用奥斯汀的术语，意向属性可以用"程式化"的语言来表达。话语的交际是要表现意图的，需要将内在的意图结构外化为语言与表现。主体在言语交际行为中要处理的核心问题，即如何用语言形式表现交际意图。

综上所述，话语生成者对话语交际意图处于动态的认知加工的过程中，通过话语形式表现交际意图，即把交际意图按照某种特定方式进行处理。那么在交际意图已经形成的情况下，或者说在意图的认知框架下，交际者对于信息的认知处理所关注的应为交际意图的形式，而非交际意图的内容，即意向内容。也就是我们上文所讨论的，用怎样的意图框架表达话语的意义。话语理解者的认知加工表现在，当他被话语生成者的特定的话语形式激活时，就会以此为依据或线索去寻找交际意图，此为话语意图的计算过程，即话语意义的理解过程，也就是话语意义的计算。因此，话语意义的计算主要围绕话语意图和话语形式的关系展开。

5.2.1.5 话语意图的推理

话语意图在生成过程中如果想要顺利地被理解，需要遵循三个推理要素，即话语意义计算的三个要素：溯因推理、信任推理以及情境推理。话语意图的推理实则为溯因推理在特定语境下制约原则的具体应用，如果将话语意图推理的方法论视为溯因推

理，那么情境和信任就是话语推理过程的必要因素。（蒋严，
2002）

（1）溯因推理

溯因推理源于亚里士多德的"假设"理论，于19世纪由皮
尔斯引入逻辑理论，意在从前提推导出结论，推理的形式与其逻
辑系统相对应。通常将推理分为三类：归纳推理（Induction）、演
绎推理（Deduction）和溯因推理（Abduction）。下面分别给予
介绍。

首先，归纳推理的过程为通过个别事实的已知特性推导出和
它等同的同类事实的性质，其推理形式为：如果所有已知的A皆
为B，那么推导出A为B。如：

34号楼301寝室的费伊学习特别努力。

34号楼301寝室的乔西学习特别努力。

34号楼301寝室的周菲学习特别努力。

因此，所有住在34号楼301寝室的学生学习都特别努力。

归纳推理的数理逻辑通用演算形式为：$s1 \subseteq p + s2 \subseteq p + s3 \subseteq p + \langle n \rangle (s \subseteq p) = \forall \times (s \subseteq p)$

恒真性是演绎推理的特点，当前提为真的条件下，推理规则
运用得当，那么推导的结果一定为真。显然，演绎推理所推导的
结果一定蕴含于前提。如：

如果外面有雾，那么能见度就会很低。

如果能见度很低，那么很容易出事故。

如果外面有雾，那将会出事故。

（如果 A 成立那么 B 成立；如果 B 成立那么 C 成立；所以，如果 A 成立那么 C 成立）

亚里士多德提出演绎是从总体规则到具体事例的推理过程。论证是基于规则或者其他被广泛接受的原则。演绎过程中，前提的真实性必须确保结论的真实，或者说，前提的真实性必须提供足够的理由确保结论的可信性。例如：

人终究会死。

塔姆是人。

塔姆终将会死。

演绎的过程可以通过如下公式进一步说明：

$S = Set$；$P = Position$；$U = Unit$

S———P	major premise（大前提）
U $\in$ S	minor premise（小前提）
U———→P	conclusion（结论）

不同于溯因推理从结果往回推导原因，演绎推理是从集合的特征推导单位的特征。如果大前提描述的集合特征是真的，在不违反推理规则的情况下，那么关于单位特征的结论一定是真的。相反，结论的真假并不确定。

溯因推理的狭义定义是，首先它将已知的事实，观察到的现象以及给定的情形视为有待解释的数据之和，利用背景知识和假设作为解释数据的条件，其间不断探寻解释的过程，此为寻求最佳解释的推理过程（Inference to the best explanation）（蒋严，2002），推理的步骤如下：

1）C 为数据之和（事实、观察到的现象、给定的情形）　C

2）A 为 C 之解释（如选择 A，则可解释 C）　　　　　A→C

3）其他假设均不能像 A 那么好地解释　　　　　　　　C

_____

4）因此，A 或为真　　　　　　　　　　　　　　　　A

　　演绎推理（deduction）的推理过程为从大前提 a 和小前提 b 得出结论 c，对于溯因推理来说，c 是一种已经观察到的结果，即在已知大前提 a 恒真的情况下，可以推出结论 b。可知结论 b 并不具备唯一性，换言之，还有其他的逻辑结论，如下面的推理形式所示：

a′. 如果洒水车刚刚洒过水，街道是湿的

b′. 洒水车刚刚洒过水

_____

c. 街道是湿的

a″. 如果排水管道系统出了问题，街道是湿的

b″. 排水管道系统出了问题

_____

a. 街道是湿的

具体地说，街道变湿可以有很多前提，如 b′洒水车刚刚洒过水，或者 b″排水管道系统出了问题等都会导致街道是湿的。因此，溯因推理有着很强的推导力，上例中所有与已知数据相关的因果关系的论据，都有作为结论被推导出来的可能。溯因推理的重点就是如何从诸多可供选择的论据中找到一种最佳的解释作为结论。

在语言理解的过程中，人们经常运用溯因推理的方法推导话语的意图。溯因推理在语言理解过程中的作用，重点不是覆盖所有可能的解释，而是约束众多的可溯之因，即穷尽所有的解释后，从中挑选出最合适的解释作为推理的结论。

皮尔斯（Peirce，C.，1958）曾从溯因推理的狭义的角度提出溯因，即通过规则去解释观察到的现象。假设有规则：如果"起床晚了则赶不上飞机了"，现在没赶上飞机，那么起床晚了。溯因需要首先寻找到赶不上飞机这一已知的规则，进而再去找一种现象所产生的原因。如果从广义的角度看待溯因推理，其逻辑推理的过程即为新信息知识的建立过程。（张大松，1993）皮尔斯将科学研究的过程用溯因、演绎和蕴含的组合进行描述，并指出仅有溯因推理才能建立新知识，溯因推理中生成的新规则不受逻辑规则的约束，是一个更新的过程，同时也是假设形成的普遍理论（A general theory of hypothesis formation）。广义的溯因推理提出，只有将演绎推理和归纳推理相结合，在观察中归纳，并对归纳结果再进行演绎，进而协助下一步的观察，这样的推理过程才是认识世界的方法论。

综上所述，可见广义溯因推理是归纳、演绎与假设三种推理的综合产物，因此可将科学研究分解为三个阶段：首先是假设阶段，皮尔斯将其称为狭义的溯因推理，这一阶段是"形成解释性假说的过程"，也是从结果到原因的推理；其次是演绎阶段，此阶段是从假设中推导结论的过程；最后是归纳阶段，目的是确定结果和经验的关系，以此检验假设，若验证通过，则信念加强。

（2）信任推理

言语交际的过程是交际者实现彼此交际意图的过程，话语生成者说出表明其意图的话语后，希望对方结合与话语相关的背景知识以及语境，实现对话语意图的理解。对话语的交际意图而言，交际双方是在相信彼此有某种交际意图的基础上完成的交际行为。

哈贝马斯提出话语意图的研究主要对可能理解的普遍条件重构并进行确定，因为话语交际的本质就是理解，是观点趋向认同的过程，相互信任又是彼此认同的基础。（盛晓明，2000）实用主义理论将信任定义为人们对于假说成立的标准判断，而在话语意图推理的过程中，信任则是对于交际意向及意向内容的理解和认同。

信任是交际者之间言行可靠性的期望和评估（Rotter, J. B., 1967），信任是交际过程中理解话语意义的前提，因为话语理解者只有相信对方的交际意图，才能使交际得以进行下去。换言之，如果交际双方在高信任度的前提下进行交际，那么可以强化促进话语意义的理解。反之，如果彼此怀疑，那么话语意义的理解可能弱化甚至曲解话语意图。

信任还具有传递、递归等特性。（Bunt, H. and B. Black, 2000: 81-150）信任关系可以视为由若干信任子集组成的一个总的集合，其中包括对世界的信任，对交际对方信任的信任，对其交际目的和交际意图的信任等。

信任空间作为计算的基础常被用来理解和生成言语行为，并应用于人工智能领域，然而由于目前在技术处理上还不能利用信任空间对离散和否定的信任做出正确的解释和分析（刘根辉，李德华，2005），因此基于信任空间对话语意图的推理止步于理论分析阶段，一般信任关系在计算应用过程中会被简化处理。

（3）情境推理

情境指影响话语理解的上下文或场景信息等。（姚忠，吴跃，常娜，2008）其分析推理的结果对符号或语言解析过程的鲁棒性造成直接影响，而对于符号的解释又是基于动态情境的分析。换言之，交际过程中，交际者的知识状态、信任、交际意图及其对交际情景的态度是话语意图理解的重要因素。另外，谈话范围、交际的视觉或触觉等也属于交际的情境。（Bunt，H. and W. Black，2000：1 - 46）

早期关于情境的研究大多认为情境的构成因素是静态的，是不变的。正因如此，人们通常采用全面的描写来处理情境，但是情境作为开放集合涵盖了很多因素，所以描写的方法并不适用。随着研究的不断深入，研究人员意识到，话语理解过程中起作用的情境并不是静态的，它会跟随交际环境的变化而变化，生成了动态的情境。（盛晓明，2000）在话语意义的计算研究中，对于情境的研究也应该从静态的描述走向动态的建构。

话语意义计算的目标是建立包括话语生成者和话语理解者在内的可供计算的模型，交际双方能够通过知识和信任逻辑计算推

138

理出与其相关的情境及信任，同时在话语处理的过程中对情境和信任度不断进行更新。例如，在医生为患者看病的对话中，医生提供治疗方案，患者事先对于病情一定有相关的了解，否则双方无法进行交谈。医生的角色对于患者来说，就是为其提供有效的治疗方案或者相关治疗信息，以治疗患者的疾病为目的，从而完成治疗过程。患者的角色是希望医生提供的服务实现患者的交际意图。如在"治疗过敏性鼻炎"的过程中，当医患开始进入交际的情境中，依据医患各自的角色和已有知识背景，双方都可以事先推测出彼此的交际意图，并尽量做出与之相关的情况说明。

依据信任推理的特点，即使处于这样的交谈情境，医患间的信任最后也不能保证正确性。例如，病人不了解引起鼻炎过敏反应的其他过敏原。但是，为了能使交谈顺畅进行，医患双方各自所具有的背景知识为各自提供一种静态的潜在语境，然而他们在交际过程中的交际行为又使得这种静态的语境动态化。动态语境一方面对话语双方的谈话进程起到引导和约束的作用，另一方面也为保持谈论话题的持续性和连贯性提供了动态知识资源。还以此为例，如一位医生以"你怎么了？"作为与患者谈话的初始话语，若患者回答"鼻子不舒服"。那么依据上述动态语境的两个特点，话语中可能涉及之前所提到的线索，这种提示的过程一部分在表层，即从话语的字面意义即可反映出来。因为，说出某物或某事的当下，语境就随之发生了改变，形成新的语境。对于刚被提及的事件，交际者就可以对它进行明确地指称，如医生问患者："这种状况持续了多久了？"

语境同时也包括对已谈过的事情的重复与回忆。例如，假设患者刚刚提到过接触某种物品后过敏反应的一些细节问题，那么医生便可以通过指代（anaphora）来进一步获取想要了解的更为详细的有关病情的信息。例如，医生可能询问："你刚讲的状况，在隔绝过敏源后还会持续吗?"在面对面的交谈中，交际双方不仅使用话语的上下文语境和背景语境，而且综合利用了现场语境。如视觉上的和语义上的语境，将全部信息综合起来以协助对于话语意义的理解。对此，Beun 和 Cremers 进行了尝试。（Beun，Cremers，1998）

Bunt（2000）通过分析语境在话语理解和生成过程中的构成因素，进而提出交际过程中语境的动态变化理论——动态语境解释论（dynamic interpretation theory）。交际过程中的语境涵盖诸多类型的信息，但最重要的还属话语交际者所具备的知识状态、信任和交际意图，以及由交际语境引起的态度。除此之外，还涉及谈话的范围、对物体的视觉和触觉信息，及语境现场交际者所呈现的各种状态，如交际主体是否倾听，是否理解等。

5.2.1.6　认知计算流程

综上所述，我们给出从认知角度话语理解过程的实现流程：

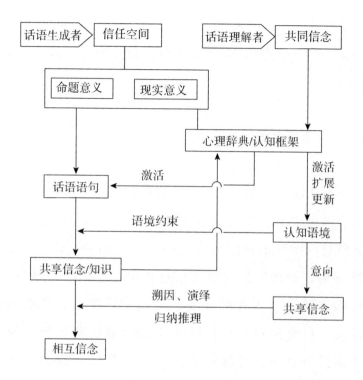

图19 认知计算流程图

上图中，人们对于世界的信念反映了他们对于语言的理解。从话语生成者的角度理解，信任空间被映射到话语的命题意义和话语的现实意义，命题意义即脑中的概念，通过控制映射到话语的现实意义，即词语和句子的语义集合。其中，词语和句子的意义是由心理辞典或心理语义框架激活、扩展和更新实现的，进而形成了话语的字面义。由于字面义这一命题可真可假，当命题为真时生成的是知识，当命题为假时生成的是共享信念。如果从话语理解者的角度讲，首先，由客观的共同信念经过认知框架或者心理辞典的过滤后激活认知语境。其后，认知语境经过话语理解者的意向约束形成了共享信念，此时是主观的。最后，共享信念经过一系列的推理，包括溯因，信任和情境推理推断话语生成者的字面义（共享信念），最终生成的二者的相互信念，也就是话语的意图。

5.2.2 话语意图计算的方法

Bunt 和 Black（2000）认为，要构建话语意义的计算模型，需要综合考虑以下三个方面的因素：第一，话语的语言学方面的语义信息，按照单位由小到大的顺序为词和短语、句法组合及其他与句子意义相关的语义信息；第二，话语的物理信息，包括由构成话语的语音特征及视觉信息；第三，话语语境方面的信息，指交际双方依据话题所能提取的背景知识及其想要表达的话语意图，交际的话语环境自身所具有的时间和空间特征。

设计一个语言系统的过程中，如何将知识有机地进行组合，需要怎样的语义处理方法计算组合过程中句子的意义？如果欲计算一个句子（sentence）中的话语 u（utterance），条件是只有将 u 置于一个相对独立的阶段处理其语言学的信息时，计算 S 的句子意义过程才能等同于计算 u 的话语意义的过程。如果将话语的物理信息和语境信息视为两类无关信息分开处理，则处理过程为：第一，依据话语 u 的语言学方面的信息计算所有能够覆盖 S 的意义；第二，通过话语的物理信息筛掉 S 中的无效知识；第三，通过语境信息对筛选后的信息进行约束，选择 S 的最佳表达意义。

在对句子进行处理时，需要处理大量的意义问题，如果脱离语境难免会产生歧义。（Bunt H，2000）因此，这种处理方法在计算话语意义时是很低效的。此时，如果想要降低句子产生的歧义，就要加入动态语境的知识，利用话题领域的知识，通过穷尽词项在该话题领域的各种可能的意义，以便降低词汇层面的歧义。减少短语歧义的解决的方法即以领域知识为基础，构建该领域各种可能的词义组合规则，从而控制生成句子意义的数量。即便如此，还会有很大的意义集产生，还需要通过添加语境信息等方法筛选排除。

发掘话语的潜在意义即推断话语意图过程中，主要从话语上下文一致性，相关性的角度进行考量，而不是寻找语义上的所有可能性。基于此 Bunt 和 Black（Bunt H，Black W.，2000）指出了两种解决路径：第一，通过语境的信息交叉存储语言学知识，在意义处理的初始阶段控制大量的句子意义的生产；第二，约束意义的条件，从而限制生成话语意义的数量。鉴于语境信息推理的复杂度，在应用过程中只有部分信息为有效信息，这无疑增加了方案一的实践难度。因此难以实现对于语言学信息的交叉存取。方案二已经应用于计算语义学的研究中，作为一种句子语义信息的表达方法，称为"待指定的语义表达"（underspecified semantic representation，USR）。（Alshawi H.，1992）此方法把语言学知识不能处理的问题暂且搁置，而单独处理话语意义的计算。根据上下文语义信息将待说明的各种表达进行描述，然后依据语境信息解释话语意图。此方法将计算语义学和计算语用学有机地联系起来，对话语意义计算的处理起着至关重要的作用。

话语的语用推理作为话语理解的有效手段，受到了语言理解系统的关注，语言理解系统尝试对其进行部分形式化处理。关联理论的发展为溯因推理在话语语义的计算方向上提供了思路，然而对于自然语言理解系统而言，现阶段只能算作一种理论上的可行方案，离模型化和算法化的实现还有一定距离。信任推理已经应用于人工智能领域，基于信任空间进行计算的语言理解系统还在不断优化。语境的处理是话语意图计算的关键，其处理结果会涉及语言理解系统的性能，而动态语境知识库的建立可以为话语意义的计算提供可能性。

5.3　话语意图计算的实现框架

5.3.1　话语意图计算中语境的形式化研究

上节中我们讨论了语境在话语意义计算研究中的必要性，下面我们将对基于语境分析的话语理解做进一步的探讨。首先，我们强调了语境在自然语言处理和理解中的重要作用，同时介绍国内外如何通过语境理解自然语言；其次，我们界定了语境的分类及其在话语意图计算中的形式化定义，并提出一种基于语境的话语意图计算的实现框架；最后，我们总结了基于上下文语境和背景语境的话语理解的实现模型。

5.3.1.1 话语意图计算中语境的作用

语境（context）概念在认知科学、语言学、人工智能和计算机科学等领域均占有重要地位。在计算机科学与人工智能研究中，由于研究领域的不同对于语境概念的理解和表达方式也有所差异。例如，在软件开发领域，语境用来处理各种数据，通常被叫作视点（views）、角色（roles）或者特征（aspect）。在机器学习领域，语境作为环境信息，被用来分类管理知识或进行逻辑结构推理。在自然语言处理领域，语境是语言使用的环境。

文本和会话是自然语言处理的对象。目前，随着文本处理技术的提升，在不考虑语境的情况下，通过非受限文本来构建知识库相对容易。语音处理技术的发展也提高了自然语言理解系统的准确率。但是对于会话的理解，特别是包括多话轮（turn – entries）的多重会话，即使我们排除语境的作用，对于计算机而言，也很难理解。

在面向自然语言处理的话语理解中，尽管很多研究者已经认识到语境问题的重要作用并指出话语计算中与语境有关的诸多问题，但是由于处理深度不够，理论还不能应用于实际问题的处理中。在理论层面，研究缺少用来分析语境制约话语理解的系统的语境理论。实践层面，以往研究更侧重于语境分类中细节问题的讨论，以及各种语境因素的描述和分析，但是这些研究对话语意义的计算并没有促进作用。如上节所阐述的，语境的构成因素会随着交际环境的改变而改变，而动态语境理论的提出，解决了语境在话语理解中所遇到的问题。

国内目前针对汉语句法和语义方面的计算已经成熟，而基于语境的话语意义的计算还处于初步阶段。张普（1992：516 - 540）从以下几个方面介绍了语境研究的应用前景：汉语自动分词和理解、机器翻译、语音识别等。郑洁、茅于杭、董清富（郑洁，2000）通过单词和语境的关系解决了英汉机器翻译系统（ECMT）中的语义排歧问题。钱树人（1993）在剖析系统歧义与语境关系的基础上，构建了模型系统（CAAMS），此系统用来解决汉语语言片段的歧义分析。简幼良、高健、王秀坤（1997）通过语境类似度判定并列成分，从而提升日汉机器翻译的性能。

俞士汶曾指出语境在汉语自然语言理解中的重要作用（俞士汶，1997）：在自然语言理解领域中，随着语义分析受到越来越多研究者们的重视，对于语境的分析是必不可少的。如果我们将"小李上课去了"这句话翻译成其他语言，起码要通过上下文理解小李是否是授课教师。鉴于语境的分析结果是动态的，因此系统需要一个动态语境知识库来存储语境的分析结果。分析程序要参照动态语义知识库。以上表明，要想在话语的范围内正确地理解每一个句子，必须突破句子的界限。同时他认为计算机处理话语的核心目的就是获得句子结构形式化的机内表示方法，这需要以句法、语义和语境分析为基础。语义分析和语境分析用来消歧句法分析的结果。

以上讨论了语境在话语意图计算中的作用。但是囿于自然语言理解中很难限定语境所涉及的知识范围，想要对语境进行全面描写或者形式化处理还需逐步完善。下面我们就话语意图理解过程中语境形式化问题进行进一步讨论，基于刘根辉（2017：95 -

99）对语境概念的界定及对语境的形式化描述，我们以话语的语境分析为基础，提出话语意图理解模型的实现方案。

5.3.1.2 语境的类别

语境是"语言使用的环境"，但对于自然语言处理领域，语境的分类需要具有计算性和可操作性。目前，在人工智能领域，有关语境最棘手的问题就是语境的表示和推理常识知识（common sense）的问题。常识知识库 Cyc 的作者指出："构建知识库是人工智能必须要走的路，而且目前还没有更有效的方法去获得如此庞大的知识库，利用人工逐条输入每一个断言是现阶段知识库的构建途径。"（Guha R V，1991）语境构成的复杂性限制了自然语言处理的发展，有鉴于此，我们需要重新界定语境构成的范围。

语境被认为是言语交际的环境。如果从范围上对语境进行分类，可将语境分为三类：第一类是上下文语境，即以当前句为中心，其前后范围内的句子；第二类是情境语境，即言语交际的时间、空间环境，包含具体的物质环境以及其所具有的性质特征；第三类是背景语境，指个人背景以及社会文化背景。（孙维张，1991）

语境决定了话语的意义。Sperber 和 Wilson 从关联性的角度出发，提出语境并非是既定的，而是经过选择生成的，语境是心理的产物，是话语理解者对于世界的一系列假定中的一组。语境和关联性的顺序为，先给定信息的关联性，人们在交际中会先假定正在处理的信息是相互关联的，在此基础上，才设法择取具有最佳关联性的语境。

5.3.1.3　语境在话语意图计算中的形式化描述

5.3.1.3.1　语境的外延与内涵描述

如果将话语限定表意范围，那么每个文本或话语都有一个语义中心，我们设定为目标词中心，以目标词为驱动的各种语境因素可归总为三类（徐默凡，2001）：上下文语境指除目标词外，目标词所在上下文中与其相关的词语和句子；现场语境泛指交际过程中的各种环境因素，如语音特征、视觉信息等；背景语境主要包含交际的认知心理和社会文化环境等。以上三类语境均为开放集合，用集合论方法表示如图 20 所示。（刘根辉，2017）

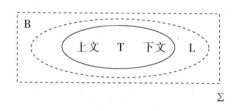

图 20　语境构成的集合论表示

（刘根辉，2017）

其中，T（target）为目标词，C（context）表示以目标词为核心的话语上下文语境、L（Local context）为现场语境、B（background context）为背景语境。现场语境与上下文语境之间是独立的，它另属于目标词单独的语境构成范畴，则用虚线标示。背景语境作为开放的集合，它与上下文和现场语境之间也不具备从属关系，也应用虚线标示。由上图可知，上下文语境、现场语境和背景语境这三部分构成了目标词的语境总和Σ。图 20 还显示出构成语境的三个层面之间与目标词关系的亲疏程度。其中上下文语境与词语、句子的语义关系最为紧密。

严格地讲，语义研究属于语义学，主要关注语境对语义内容的制约，倾向于词语本身引起的歧义问题。语境的研究属于语境学，主要关注语境如何约束语言表达，包括在话语生成和理解过程中，语境特定意义的各种约束条件。语义研究与语境研究二者既有联系又有差别，在以下讨论中，我们会给予一定的区分。

5.3.1.3.2　语境及话语意图的形式定义

在自然语言处理领域，语境为语言的使用环境，它同时受到客观条件的约束。词语的语义由词语的义项构成，句子的语义由句子的义项构成。语义集合的构成即为词语语义和句子语义的总和，此语义集合即为这种语言的语义空间。至此，我们给出语义空间的形式定义。（参照刘根辉，2017）

定义 1：语义空间

假设 $\{M、P、X\} \neq \varnothing$，如果 M^*，$P^* \subseteq X$，X 则为语义空间，$\{m_i \quad m_i \in M, i \in N\}$，$\{p_i \quad p_i \in P, i \in N\}$，集合 M 代表所有词义项，集合 P 代表所有的句子义项，M^* 是 M 的集合闭包，P^* 是 P 的集合闭包。

自然语言理解的前提是语境约束（context constraint），即通过语境条件集分割语义集合，分割结果确保集合为非空集合。又集合论表示的语义空间如图 21 所示。（刘根辉，2017）

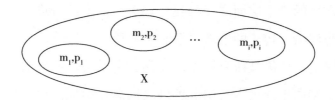

图21　词、句语义构成的集合论表示

（刘根辉，2017）

其中 $m_i \in M$，$p_i \in P$（$i = 1$，2，$\cdots$），X、M、P 含义分别代表上述的语义空间，词义项集合和句子义项集合。

鉴于话语语境义是基于词语语境义，因此首先给定词语语境定义。

定义 2：词语语境

词语语境 Ω =（C，L，B，δ），其中

上下文语境元素集：C（context）

现场语境元素集：L（local context）

背景语境元素集：B（background context）

语义框架元素集：F（Frame）

在确定具体的词语语境的过程中，背景语境用语义框架来体现即：

选择函数 δ，是从 $C \times L \times F$ 到（$C \cup L \cup F$）* 的映射：

$$\delta: C \times L \times F \longrightarrow (C \cup L \cup F)^*$$

$C \times L \times F$ 表示笛卡儿积，即三个集合中元素的所有可能对应组合形成的集合群，（$C \cup L \cup F$）* 表示集合的闭包。

由于具体语境中词语必定有意义，无论目标词是否为单义性，其语境集合都不能为空集，即 C、L、F、B 不能为空集 φ。

150

只是单义词性词不受语境条件制约。

进而，我们给出目标词语境义的形式定义的描述。

定义 3：目标词语境义

词语的语境义 Q 是一个五元组：Q = （T，M，G，Ω，λ）其中，这里 T（target）是目标词 t_i（i∈N）的集合；

M 的含义同语义空间定义，在这里是指目标词集合 T 中各元素 t_i（i=1，2，3⋯）的所有义项构成的目标词语义集合，语义空间中第 i 个目标词的第 j 个义项表示为 m_{ij}（i，j∈N）；

目标词 t_i（i∈N）的语法信息集合 G（Grammar），第 i 个词的第 k 个语法信息项在语法信息词典中表示为 g_{ik}（i，k∈N）；

根据定义 2 可知，Ω 的组成元素是目标词 t_i 的语境集合；

转换函数 λ，由 M×G×Ω 到 M 的映射：

$$\lambda: M \times G \times \Omega —> M^*$$

根据目标词 t_i 的组块语法功能确定义项 m_{ij}，再由上下文语境，现场语境以及背景语境构成的语境 Ω 来约束义项 m_{ij}，此时得到的结果，可能不在语义信息项和语法信息项所确定意义的范围内，这个新生成的组合意义即为目标词的语境义。

话语的语境意义即话语的意图，是话语生成者与话语理解者之间通过三种语境因素的共同作用的结果。同时也是要表达的意义和被理解的意义最终达成的一致的结果。话语生成者通过各种语境因素表达他的话语意图，话语理解者以各种语境因素理解话语生成者的意图。具体来讲，在三种语境中，相比于背景语境，上下文语境和现场语境更客观一些。背景语境不易控制，它受交际主体的心理认知的影响，或者说背景语境是一种个体的认知语境，它在话语交际过程中起主要作用。如果话语理解者捕捉到话语要表达的含义，说明双方共同的认知语境在起作用，换言之，交际双方具备了相同的认知语境。

综上分析，在描述词语语境义之后，我们进一步给出话语理解过程中语境的形式定义。

定义 4：话语语境

话语语境$\prod$包含四个元素集：$\prod = (C', L', B', \theta)$，其中上下文语境元素集 C'，是话语生成者和话语理解者在一次完整交际中共同关注话题外的上下文词语的集合；

现场语境元素集 L'，是交际双方在交际现场由于共同关注的话题所感知的环境因素形成的集合；

背景语境元素集合 B'，是交际过程中，由上下文语境和现场语境之外的，即不能直接感知的语言外的世界构成的环境因素的集合，语义框架元素集合 $F' \subseteq B'$，即背景语境抽象的概念集合，用来替换背景语境集 B'，

θ 是选择函数，是从 $C' \times L' \times F'$ 到 $(C' \cup L' \cup F')$ 的映射，有：

$$\theta: C' \times L' \times F' \longrightarrow (C' \cup L' \cup F')^*$$

话语语境是由话语理解过程中上下文语境、现场语境以及背景语境构成的语境集合，词语语境可以协助理解目标词所在句的话题信息，而话语意图的生成和理解直接受话语语境的约束和影响。

以下为话语字面意义与话语语境义的形式定义。

定义 5：话语字面意义

U（话语的字面意义）由一个四元组构成：$U = (T, M, G,$

η），其中 T 是目标词 t_i（$i \in N$）的集合；

M 的含义同定义 1 是由语言中各个词的全部义项组成，具体而言，指目标词 T 中各元素 t_i（$i = 1，2，3\cdots$）的所有义项构成目标词的语义集，其中构成元素第 i 个词的第 j 个义项的表示方法为 m_{ij}（$i，j \in N$）；

目标词 t_i（$i \in N$）的语法信息集合表示为 G，第 i 个目标词的第 k 个语法信息项在语法信息词典中表示为 g_{ik}（$i，k \in N$）；

η 是选择函数，是从 $M \times G$ 到 P 的映射：

$$\eta：M \times G \longrightarrow P^*$$

以上，依据语法分析和目标词的词语义项筛选后，生成话语的字面义即规约意义（conventional meaning）：

定义 6：话语语境义

话语的语境义 I（Implicature）由四元组构成：$I = （T，U，\prod，\tau）$

T 是目标词 t_i（$i \in N$）的集合；

U 是由四元组构成的话语字面意义的集合，元素构成见定义 5；

$\prod$ 是由四元组构成的话语语境集合，元素构成见定义 4；

τ 为转换函数，是从 $U \times \prod$ 到 P 的映射：

$$\tau：U \times \prod \longrightarrow P^*$$

即话语通过 $\prod$ 的语境条件约束，获得字面义 U 之外的话语的意图或会话含义（conversational implicature）。

5.3.2　话语语义空间的构造

以上我们规定了从语义空间到话语语境义等相关概念的形式化定义 1 - 定义 6，下面我们试图以语境分析为基础，提出一种话语理解的实现方案，即在计算话语字面义的基础上理解话语意图。

我们通过话语表达思想和描述世界，此时话语中的全部语句构成了话语世界的认知空间，语义连贯的语句通过载体表征要表达的语义信息，话语世界的认识通过两部分的映射体现：认知空间和语义空间。如图 22 所示，认知空间是话语的命题意义，它包含该语言的所有语句，通过控制表征到语义空间，并以语义为表现形式，而语义的载体是认知空间的语句。（刘根辉，2017）

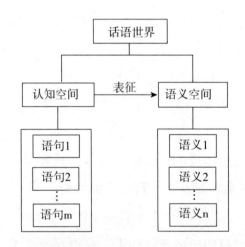

图22　话语世界到认知空间与语义空间的映射

（刘根辉，2017）

依据定义 1 中话语语义集由词语语义集和话语语义集构成，

其中词语语义集可以通过人工构建词语知识库，相当于通常的词典。目前影响最大的面向汉语信息处理的语言知识库是由北京大学语言学研究所开发的《现代汉语语法信息词典》。（俞士汶，2003）其中收录超过 8 万词条，包括词语的语法信息和语义信息，且仍在完善扩充中，此词典可作为语法语义知识库。

目前，有关句子的语义尚未有语言知识库建构。虽然句法和语义分析可以生成句子的字面义，但无法穷尽句子的总量。况且相同的句子所表达的含义也是动态的，会随着语境的变化而变化，句子的语义知识库只有在特定语境中，才能动态生成。

综上，语义空间由词语义项和句子义项构成，理论上词语语义知识库是可以实现的，然而由于词汇本身是开放的集合，与其对应的词汇义项也是开放的，句子语义知识 P 的构建在特定语境中动态生成。

5.3.3 话语知识库的构建

话语知识库的构建内容主要包括语义词典和语法信息词典。语义词典具体指语义空间中的词语语义知识库，不包含句子语义。目前，可利用的资源有《现代汉语语法信息词典》，它是由北京大学计算语言学研究所主持开发的"综合型语言知识库"（俞士汶，2003），既可以作为语义信息词典还可作为语法信息词典。此外，还有《现代汉语语义词典》（王惠，俞士汶，詹卫东，2003）也可作为语义信息词典。董振东开发的知网（How Net），这个用来描述概念的常识知识库，主要内容是解释相互概念之间和其所具有的属性关系。清华大学开发的《现代汉语述语动词机器词典》重点描述语义的组合关系。北京大学开发的以 Word Net 为蓝本的《中文概念词典》（*Chinese Concept Dictionary*，CCD）。哈尔滨工业大学根据同义词词林（Cilin）开发的《同义词词林》（扩展板）。台湾中研院通过集成多资源开发的 Sinica Bow（the Academia Sinica Bilingual Ontology Word Net）。以上这些为可被利用的语法语义知识库。

5.3.4　动态语境知识库的构建

语境知识库由语境词典构建完成。它是实现话语意图理解的重要知识库，依据定义 2，词语语境 Ω =（C，L，B，δ），其中上下文语境是由除目标词外的上下文词语构成，从词类角度分析，这些候选语境词主要是实词。动态语境词典的构建包括上下文语境和背景语境，背景语境由语义框架激活，具体过程如图 23 所示。

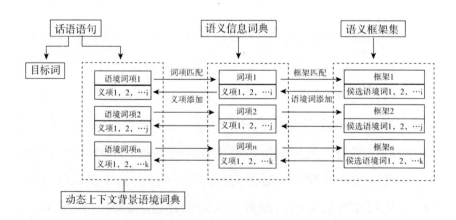

图 23　动态上下文 & 背景语境词典的构建

除上下文语境和背景语境之外，还应构建现场语境，由交际过程中感知到的环境因素所构成的集合组成，如视觉、听觉、嗅觉等信息。这些信息的获取可以通过计算机视觉和数字语音处理等技术达成，同时也给话语意图的推断提供了依据。然而这只是理想状况下我们对现场语境的处理，目前的研究成果和技术水平很难将这些信息整合到一个话语理解系统里。图24为话语现场语境示意图的构建。

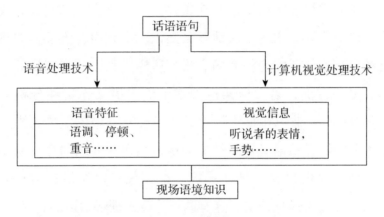

图24　现场语境知识词典的构建（刘根辉，2017）

依据定义4，背景语境是交际过程中，由上下文语境和现场语境之外的不能直接感知的语言外的世界构成的环境因素集合，它是交际双方对世界的认知。因为交际个体认知结构的不同，所以背景知识也不尽相同。而参与话语意图的理解和生成的仅是与话语话题相关的部分知识。现有的研究很大部分将焦点放在挖掘话语内部的语义信息，对话语外的背景知识关注的较少。认知心理学中的联想主义理论提出联想是人脑中信息和信息之间相互关联的方式，确切地说，个体所具有的全部知识都可借助于其他联想模型来确定。背景知识对话语意义的贡献不可忽视。

现阶段话语分析的研究都以挖掘话语内部语义关系为主，对以何种方式表述背景知识以及如何自动提取筛选背景知识的研究尚未成熟。因此，基于联想主义理论的观点，我们需要建立相关背景知识联想机制，以便话语自动提取背景知识候选条目，且从中筛选出与待分析文本具有最佳关联的选项。在建立背景知识联想模型的基础上，我们赋予计算机获取相关知识的能力。同时，由于背景知识增强了话语语义连贯性分析的能力，基于此，我们引入了语义框架，用它来激活背景知识。一方面，语义框架摒弃了传统利用实体匹配为核心的方法，这样更利于背景知识的精确获取；另一方面，语义框架也加强了话语语义连贯性分析的能力。例如，"苹果－乔布斯"这类语义相互关联的实体，由于语义上不相匹配导致语义连贯性的失衡，然而二者之间存在密切的语义关系。我们只要通过"手机"框架便可以激活这类相关信息，从而使语义信息连贯，这有助于计算机理解话语的含义。

综合以上分析，目前，对于框架语义知识库的构建，已有山西大学的刘开瑛、李茹等开发的汉语框架语义知识库（Chinese Frame Net，CFN）（You L，Liu T，Liu K.，2007），其中包括语义知识库内容的编写、辅助软件的开发和应用研究等，汉语框架语义知识库目前为止对 1770 个词元（一个义项下的一个词）构建了 130 个框架，标注的句子总数为 8200 个，覆盖认知、科普以及法律等领域的词语。（HAO X y，Liu W，Li R，et al.，2007）汉语框架语义知识库目前可作为话语语义分析的背景语义知识库来提升计算机对话语的理解。

5.3.5 话语意图的推导

根据定义5，话语字面意义是依据话语知识库，通过语法分析和目标词的词语义项筛选后，生成话语的规约意义（conventional meaning）。话语的字面意义通常无关乎现场语境和背景语境，只与上下文语境相关。依据定义6话语的语境义I（Implicature）由四元组构成：$I = (T, U, \prod, \tau)$，它受语境的约束，当字面义与语境的约束相一致，此时话语的意图等同于话语的字面义。当语境约束与字面义不一致时，此时话语意图已经更新为话语的字面义，我们需要针对具体语境信息来推导新生成的话语含义，推导过程如图25所示。

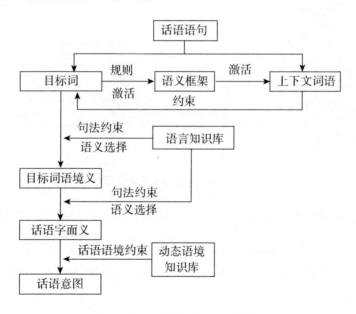

图 25　基于语境的话语含义的推导

5.3.6　话语意图理解实现流程

我们将预处理的文本视为话语生成者，用计算机替换话语理解者，基于上节中的认知计算的过程，在理论上，我们给出话语意图理解实现流程（图26）。

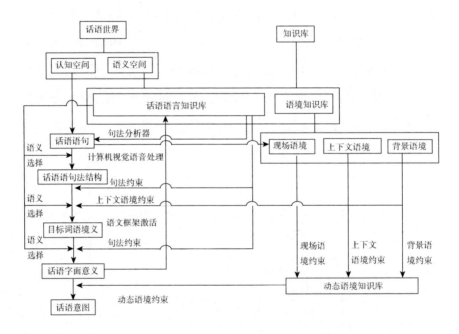

图26　话语意图理解实现流程

流程图的上方为话语世界。认知科学中认为，现实世界具有可计算性，通过世界的可计算性来描写解释话语现象，此为认知主义话语观。世界是话语底层的心理表征，通过话语表达思想和描述世界。此时，话语中的全部语句构成了话语世界的认知空间，语义连贯的语句通过载体表征要表达的语义信息，话语世界的认识通过两部分的映射体现：认知空间和语义空间。语义空间同定义 1 是所有词语义项和句子义项组成的语义集合。其中词语语义信息集由语义信息词典来实现，句子语义集则是由上下文语义知识库提供。上下文语境由语境词项匹配语义词典后的义项添加动态生成。现场语境通过语言的相关处理技术可获得。背景语境利用语义框架激活候选语境词，将其匹配语义词典后，添加语境词义项动态生成。现场语境、上下文语境和背景语境三者共同约束，从而构成动态语境知识库。当话语字面义与语境约束相一致时，字面义即为话语的意图。反之，根据约束条件生成新的话语意图。

话语意图理解的实现流程显示，意图推断过程中语言知识库中的语义信息词典和语法信息词典对话语的语义和句法约束交替进行。通过句法结构可以获得目标词的框架规则，换言之，语义框架的确定通过句法规则或者组块规则进行匹配。同时，上下文语境词典通过激活框架后的候选语境词，反向添加到词典中，进而形成动态上下文语境词典，并再次与话语上下文语境词匹配，限制约束生成目标词语境义，最后生成话语字面义。通过判断话语字面义是否与动态语境约束的一致的结果来理解话语的意图。

5.4 话语意图计算模型

在上文分析讨论的基础上，下面我们试图提出一个以语境为基础的话语意图计算的实现模型。现阶段已有研究还不完善，如果想要把话语中所有语境因素全部有机整合起来，还比较困难，所以我们排除话语交际过程中现场语境因素的推断，将上节中话语意图的理解流程简化。本研究构建此模型的目的在于验证以上理论框架流程的可行性，并未试图覆盖意图推理的全部过程。

基于规则和基于统计的方法是自然语言句法处理的两种主要途径，而基于统计的处理方法是目前的主流计算方式，其计算结果也在实际应用中取得了很好的效果。但是由于计算复杂度的不断升级，这将导致统计计算的速度逐渐降低。同时，基于统计的计算结果过于依赖语料库的质量，这将导致数据稀疏问题。综合以上几方面的因素考虑，仅仅通过统计的方法存在局限性。因此目前研究者们对于自然语言的处理，综合了统计和规则的两种方法，从而使语言处理结果更加完善。我们的模型设计主要是基于规则的话语意图的计算，关于统计的计算只占少部分。

5.4.1 话语意图理解模型的设计

算法、规则和词表是构建一个系统所需要的三个主要方面。基于此，模型以语境的约束为条件，以理解给定文本或话语中的简单句或短语的语义组块为目标，旨在目标词确定的前提下，通过计算获得该目标词在具体语境中的特定含义，即语境意。具体实例：对含有单字［坏］的一段文本或话语，计算其在句子中的话语意图，以及（主）谓句"他好坏""你真坏"等具体的话语意图。

该模型利用 Java 程序语言，初步完成了面向对象的人机交互界面的设计。我们自行建立的知识库主要有以下两个。

（1）目标词知识库的构建。目标词是整个句子语境的激活点，对于话语意义的理解至关重要，我们可以从目标词间的语义关系推断话语单元之间的语义关系。目标词框架中的目标词通常包括名词、动词、形容词。在我们构建模型的过程中，主要处理单字［坏］为例的句子或段落。目标词知识库包括的属性为目标词、义项、义项 ID 和词性。见 5.4.2 中的目标词语义词典。

（2）语境知识库的构建。鉴于现阶段语音处理技术还未成熟，我们无法完成对于现场语境语音等语境的相关信息的获取。因此，对于现场语境、上下文语境以及背景语境知识库的构建，我们只关注后两者知识词典的构建。上下文语境词是以目标词为驱动搜索与之语义相关的上下文词语，涵盖名词、动词、形容词等，属性包括目标词 ID、语境词、语境词 ID 和语境词词性。其中目标词 ID 对应目标词知识库中的义项 ID。背景语境知识库，主要利用语义框架进行匹配，按照目标词语义词典中的语义词项归并语义框架。我们从北京大学 CCL 语料库现代文学作品中，选取带有单字［坏］的前 500 个句子作为训练语料，并总结出［坏］的语义框架，作为激活背景语境的知识词典。其中包括框架 ID，框架，以及目标词 ID 等属性。框架 ID 对应目标词 ID，同时对应目标词知识库中的义项 ID。如图 27 所示。

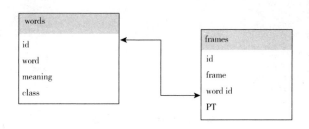

图 27　目标词语义词典与框架语义词典的对应关系

此外，我们利用中科院计算所开发的应用比较广泛地开放源代码软件——汉语词法分析系统（institute of Computing Technology，Chinese Lexical Analysis System，ICTCLAS）作为我们分词的系统，其分词的准确率达到97%，未登录词的识别率和召回率在90%以上。汉语词法分析的功能包括分词、词性标注和未登录词识别等。例如：

中国几千年政治家族社会一切方面，都被它支配。倚赖保守退化种种［坏］现象，也常靠它做根据。讲到这个问题，虽极有见识和胆量的人，也不……

【文件名：＼＼现代＼＼文学＼＼俞平伯.TXT　文章标题：我的道德谈　作者：俞平伯】

图28是ICTCLAS词法分析系统的界面：

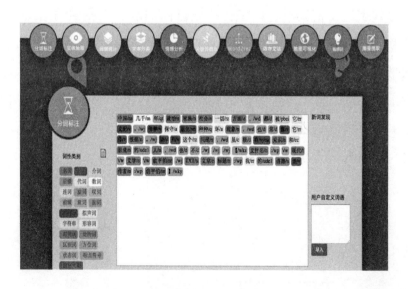

图28　ICTCLAS 主界面

在我们的模型系统中，利用 ICTCLAS 词法分析功能。首先，输入要解析的目标词和句子，通过分词软件处理后的词性标记代码匹配短语组块规则，从而判断目标词所属的语义框架。其次，通过所属语义框架匹配 frame id。经过匹配的 frame id 对应目标词 word id，即语义项。当出现框架歧义时，根据候选语境词的上下文匹配进行框架筛选，从而确定最终框架，以上为判断语境义的全过程。主界面如图 29 所示。

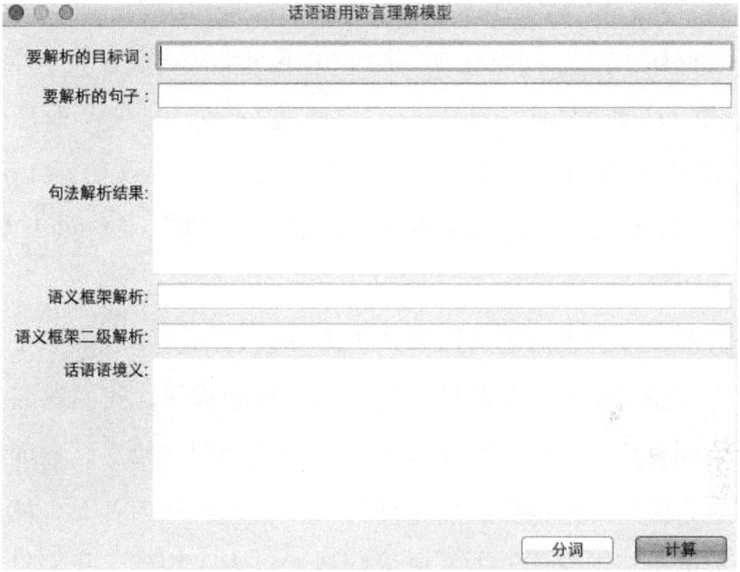

图 29　话语意图理解模型

5.4.2　语料处理和知识库的构建

本模型所用的训练语料为北京大学 CCL 语料库现代文学作

品，从中我们择取了包含单子［坏］的前 500 个例句。词义消歧处理后，我们选取目标词左右 20 个词的范围为上下文窗口。为了给上下文语境的推理提供可计算的信息，我们选择含有目标词的整个段落作为上下文，这样更有利于查找与目标词语义相关的候选语境词来扩充语境词词典。这里我们遵照各段落自身的长短，对于由几十个词组成的句子或者上百个词的句群组成的句子，原则上不做区别处理。

短句如：想/v 烫/v 坏/a 我/rr 吗/y

句群如：但/c 同时/c 亦/d 深/d 不/d 以/p 她/rr 的/ude1 轻视/v 孙/nr1 舞阳/nz 为/p 然/rz ；/wf 她/rr 说/v "/wyz 但是/c 孙/nr1 舞阳/nz 的/ude1 名声/n 太/d 坏/a 了/y " /wyy ，/wd 可知/v 她/rr 也/d 把/pba 孙/nr1 舞阳/nz 看作/v 无耻/a 的/ude1 女子/n 。/wj

目前，系统中的语义框架知识库和候选语境知识词典都是通过人工构建完成的。针对目标词语义词典的构建，我们参照《现代汉语词典》第六版。框架知识库通过义项归并语义，进而抽象为框架，语料中新出现的框架逐步向框架知识库内补充，从而生成框架语义知识库。上下文语境词典通过人工构建，我们借助语言学知识提取上下文中与目标词相匹配的语境词。我们以带［坏］的句法结构的句子为例：

在《现代汉语词典》第六版中，［坏］的词义总计 6 项，义项 0 是通过分析北大 CCL 语料库中 500 个包含 "坏" 字的句子的句法结构，人工总结出来的新义项。如表 4 所示：

表4 目标词语义词典

ID	word	meaning	class
1	坏	缺点多的人；使人不满意的（跟"好"相对） e. g. 工作做得不坏。	a.
2	坏	品质恶劣的；起破坏作用的 e. g. 坏人；坏事；这个人坏透了。	a.
3	坏	不健全的；无用的；有害的 e. g. 坏鸡蛋；水果坏了；玩具摔坏了。	a.
4	坏	使变坏 e. g. 吃了不干净的食物容易坏肚子。	v.
5	坏	表示身体或精神受到某种影响而达到极不舒服的程度，有时只表示程度深 e. g. 饿坏了；气坏了；这件事可把他乐坏了。	a.
6	坏	坏主意 e. g. 使坏；一肚子坏。	n.
0	坏	表示亲密 e. g. 你这个小坏蛋。/你真坏。	a. /d.

根据以上7个义项，将与"坏"有关的语义框架归并为以下三种，如表5所示：

表5 框架语义知识词典

ID	frame	Word ID	Target：instances
1	评价	2 3 1/2 6 4	人品：坏人/坏水儿 食物：坏鸡蛋/水果坏了 事件：坏事
2	亲密	0	亲子：小坏蛋 爱人：你真坏/你好坏
3	程度	5	情绪：急坏了/气坏了/乐坏了/吓坏了 状态：疲劳：累坏了/忙坏了/闷坏了 饥饿：饿坏了/渴坏了

通过词法分析技术，抽取句中［坏］的短语组块特征，我们从北京大学 CCL 语料库中抽取带有［坏］字的前 500 个句子作为规则制定的样本，其中表评价类占 70%，表亲密类占 5%，表程度类占 20%，其他占 5%。通过人工总结［坏］的句法结构如表 6 所示：

表6　短语规则

ID	Frame	Phrase Type(PT)	Word ID	Instance
1	评价	［a］+［坏/a］	1	容易坏
		［v］+［坏/a］	3	弄坏,破坏,毁坏,崩坏
		［d］+［坏/a］	1/2	太坏,更坏,不坏,极坏
		［坏/a］+［d］	1	待你坏一点
		［坏/a］+［n］	2/3	坏事,坏话,坏人,坏现象
		［n］+［坏/v］	4	塔坏,键坏门破
		［udel］+［好坏/n］	6	工作的好坏
		［v］+［好坏/v］	6	不知好坏,抹杀好坏
		［c］+［好坏/n］	6	无论好坏
		［n］+［好坏/n］450	6	烟品好坏
		［好坏/n］+［c］+［d］+［a］+［v］	6	好坏虽不大懂
		［rr］+［坏/v］	2	说他们坏,地主坏
		［坏/v］+［y］+［n］	4	坏了大事
		［rr］+［udel］+［坏/n］+［wd］	6	容忍他的坏
		［v］+［a］+［坏/n］+［wd］	6	使小坏,
		［坏/v］+［d］+［坏/v］+［p］	4	坏就坏在
		［坏/v］+［p］	4	思想界坏到这样
		［坏/v］+［ude3］	4	坏得不堪
		［p］+［rr］+［坏/a］	1	对别人坏
		［p］+［坏/v］+［ule］+［v］	4	往坏了说
		［rzv］+［坏/a］+［vf］	2	这样坏下去
		［v］+［a］+［c］+［坏/a］452	1	不拘好或坏
		［a］+［坏蛋/n］	2	刁横的坏蛋

续表6

ID	Frame	Phrase Type(PT)	Word ID	Instance
2	亲密	［a］+［坏蛋/n］ ［d］+［坏/a］	0 0	小坏蛋,大坏蛋,臭坏蛋 好坏,很坏,真坏
3	程度	［pba］+［rr/n/nt］+［v］+［坏/a］+［y］	5	急坏了/气坏了/乐坏了/吓坏了 累坏了/忙坏了/闷坏了 饿坏了/渴坏了 把头发烫坏

系统中的框架语义集、短语规则，以及语境知识词典都是开放的集合，可随语料库的不断扩增进行完善。由上表可以看出对框架和具体句子的匹配，我们主要利用了制约条件。制约条件（constants）是指语言项的形式与语义是密切联系、相互制约的。语言项的语义制约着其形式上的可能的表达，而形式又可以对能够进入该结构的词语有意义的限制。

5.4.3 确定目标词的意图

确定目标词语境意的过程：首先，计算机通过分词软件处理，根据处理后的词性标记代码匹配短语组块规则，从而判断目标词所属的语义框架；其次，通过目标词所属语义框架匹配 frame id；最后，通过 frame id 匹配 word id，以上为判断目标词所在句语境义的全过程。话语的意图就是超出语义词典产生的特定的话语含义。我们将话语意图计算过程的逻辑思路表述如下：

Insert texts

Is there a target phrase?

If yes then

    do the word segmentation,

    Match the rules of target phrase

If complete, then

    Match with the Frame ID

        If complete, then

            Output {Word ID}

            Out put {contextual meaning}

            If failed, then

Texts collected for manual review.

            If no then

                Texts collected for manual review.

话语意图逻辑计算流程如图 30 所示。

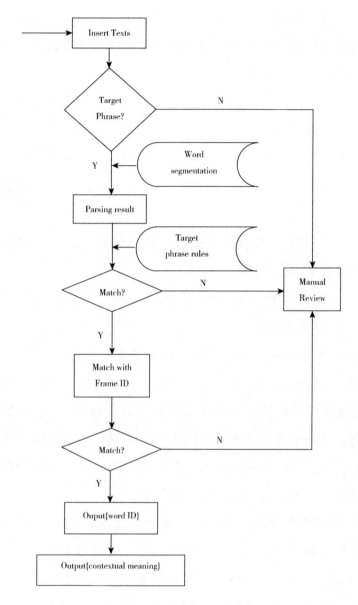

图30　意图理解实现流程

如果想要系统实现对话语意义的准确理解，那么构造语义集是关键。语义集包含以下内容。

（1）词语的基本义项，即语义词典中词语的具体含义，目的是获得话语的字面意义。

（2）基本义项之外的词语的特定含义，这部分的语义来源是动态的，是通过目标词激活的背景语义框架后得到的动态语义信息。这种动态语义信息作为约束条件限制话语意图的生成，从而计算给定文本中目标词或话语的在特定语境中的含义，即话语的意图。

1）通过句法分析技术，提取［坏］的句法结构（已经人工分类整理完毕31条规则）。

2）根据我们已总结的［坏］的短语组块规则，可以判断［坏］所属语义框架。

3）根据 frame id 所对应的 word id 判断具体语境意。

4）当候选句法结构相同时，如，［adv.］+［坏］，既属于表示亲密关系的框架，又属于表示评价关系的框架，［坏蛋］作为名词，既属于表示亲密关系的框架，又属于表示评价关系的框架。换言之，当组块规则所对应的框架值≥2时，如何确定所属框架和最终义项？此时，我们遵循如下原则。

i）常用搭配筛选。若［坏］隶属"亲密"框架，其上下文中通常伴有如"男/女友""宝贝""爱人"等用来指称人物的名词，"愉悦""开心""高兴"等用来表示心情之类的形容词，以及"爱上""喜欢""脸红"用来表示情感态度之类的动词。以［坏］这个目标词为驱动，通过上述示例中在文本上下文中出现的同现词，以此构建以目标词为核心的上下文语境词典中的词项，这就是以目标词为驱动的语境词典的构建过程。

然后，我们以词典中的词项为搜索对象，与目标词上下文中的语境词进行匹配，通过同现率进行计算。通常情况下，高频同现语境词的目标词的语境义比较容易判断。这里，目标词的同现，实际上是一种隐性连贯关系的体现，可通过词汇的匹配进行识别，如我们上章中所提及的关于以动词为核心的搭配关系，"滑倒—住院"。因此，我们认为有必要对这些与目标词高频同现的词语，再建立一个独立的匹配知识库来作为程序处理时的知识源。根据目标词系统，我们直接查询原始文本，以便快速找到同现的搭配和所属框架，进而获得目标词的具体语境义。

独立匹配知识库的建立基于以上 500 个训练语料中的词汇搭配，如下所示。

① ［a］ + ［坏蛋/n］

frame id 2；word id 0 语境知识词典：不好意思，男人，红脸，恋人，男友，女友，亲密，高兴，欢喜，爱，喜欢。

Frame id1；word id 2 语境知识词典：骂好人，打好人，刁横，封建的，不济，监视，骂道，装蒜，揍，棒子轮上，对头，恨，有所企图，假充，利用，假使，不道学，假道学，骗到，猜猜看。

② ［d］ + ［坏/a］

frame id 2；word id 0 语境知识词典：笑嘻嘻地，恋人，男友，女友，亲密，高兴，欢喜，爱，喜欢，笑着，动情，微微笑。

Frame id1；word id 2 语境知识词典：剥削，滚，脾气躁，丛愚，死，可怜，怀疑，违背，敷衍，世界末日，否定的，学风，阴霾，骂，成绩，龌龊，监狱，打骂，敌人，愠怒的，琐碎的，烦恼，罪恶，凶徒，发愁，衰老，发脾气，怨言，闹得，运气，印象，堕落，感情。

ⅱ）依据概率推断目标词语境义的过程有两种解决方案：第一种方案是在直接输出目标词所属的框架之后，进行人工筛查进行逐一判断，这样做耗时耗力；另外一种方案是通过计算概率统计筛选出最有可能的义项，作为目标词语境义的输出结果。从认知的角度讲，这是一个选择最佳关联的过程。具体实例分析如下。

假设一段给定的话语，由目标词 t 构成的上下文语境词的向量为 $X = \{x_1, x_2, x_3, \cdots, x_n\}$，语境词数量即 $X_N = \{1, 2, 3, \cdots, n\}$。目标词 t 的义项 y_i 构成向量 $Y = \{y_1, y_2, y_3 \cdots y_m\}$。在语境词向量 X 中，与义项 y_1，y_2，$y_3 \cdots y_m$ 有语义关系的候选语境词数量为 j_1，$j_2 \cdots j_m$，其中，$j_1 + j_2 + \cdots + j_m = X_N$。那么在此特定语境中 y_1，y_2，$y_3 \cdots y_m$ 出现的频率可表示为：

$$t_n(y_1) = j_1/X_N, t_n(y_2) = j_2/X_N, \cdots t_n(y_m) = j_m/X_N$$

用 $t_n(y_{max})$ 表示取得这些频率的最大值：

$$t_n(y_{max}) = \max\{j_1/X_N, j_2/X_N, \cdots j_m/X_N\}$$

因此，取频率的最大值 $t_n(y_{max})$ 所对应的义项 y_i，即目标词 t 最有可能的在该语境中含义。（刘根辉，2017）

例如：女孩 说 坐 在 她 前面的 那个 男孩 [真坏]，品质 恶劣，经常 欺负低年级的 同学。

这段文本中的候选语境词共计 15 个，在语境知识词典筛选匹配后，输出 8 个（下划线标注）与目标词义项有关的语境词，［真坏］的短语规则为：［d］ + ［坏/a］，与其相对应的框架有两个：Frame id 1：评价，对应 word id 1/2。Frame id 2：亲密，对应 word id 0。

Frame id 　　　Word id 目标词义项 （y_i）	Frame id 1		Frame id 2
	Word id 1	Word id 1	Word id 0
	y_1	y_2	y_3
语境词数量	4 经常，欺负，低年级的，同学	2 品质，恶劣	2 男孩，女孩

由此可知：$t_8（y_1） = 1/2$，$t_8（y_2） = 1/4$，$t_8（y_3） = 1/4$

$t_n（y_{max}） = t_8（y_1） = 1/2$

因此推断目标词在该特定语境中的的含义项为 y_1，对应框架 Frame id 1，具体语境义为 Word id 1。

5.4.4 实验结果及分析

5.4.4.1 实验结果

我们以北大 CCL 语料库中现代文学作品中第 501—600 句作为测试对象。如果按照中科院的分词系统进行分词，我们不做人工干预，那么结果显示系统能够判断［坏］的语境意为 37 例，正确率为37%。如果按照我们设定规则中的分词进行计算，那么系统判断的正确率为83%。

下面我们分别给出六个实例，分析结果如图所示：

（1）擦着伤处的夜白飞，点燃了残烛，用一只手挡着风，照映出小黑牛打［坏］了的身子——正痉挛地做出要翻身不能翻的痛苦光景，就赶快替他往腰

【文件名：\\现代\\文学\\现代短篇.文章标题：山峡中 作者：艾芜】

（2）褰衣坐在河沿，没有想到，我也不愿意那样；我知道给男人做老婆是［坏］事，可是你叔叔，他从河沿把我拉到马房去，在马房里，我什么都完啦。

【文件名：\\现代\\文学\\现代短篇.文章标题：生死场作者：萧红】

（3）要留到最后才用它！厂里的工人并不是一个印板印出来的；有几个最［坏］的，光景就是共产分子，一些糊涂虫就跟了她们跑。

【文件名：\\现代\\文学\\矛盾 子夜.】

（4）况且还有刘玉英！这不要脸的，两头做内线！多少大事［坏］在这种"部下"没良心，不忠实！吴荪甫想起了恨得牙痒痒地。

【文件名：\\现代\\文学\\矛盾 子夜.】

（5）挑得特别吃劲，摇摇摆摆的使那黄篓左右的幌……美丰楼的菜不能算［坏］，义永居的汤面实在也不错……于是义永居的汤面？还是市场万花斋的

176

【文件名：＼＼现代＼＼文学＼＼现代短篇．文章标题：九十九度中 作者：林徽因】

（6）一面喝道："挤得那么紧！单是这股子人气也要把老太爷熏［坏］了！——怎么冰袋还不来！佩瑶，这里暂时不用你帮忙；你去亲自打电

【文件名：＼＼现代＼＼文学＼＼矛盾 子夜．】

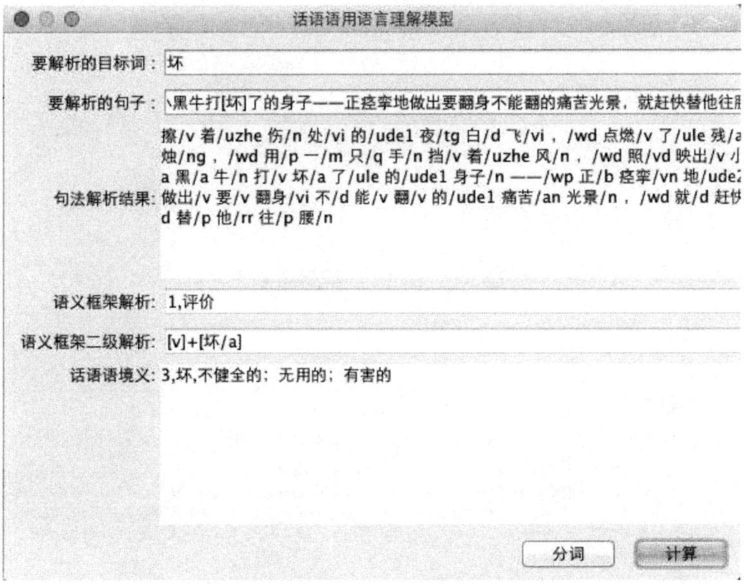

图31　例（1）解析结果

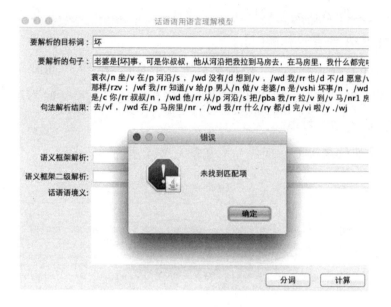

图 32　例（2）解析结果 1

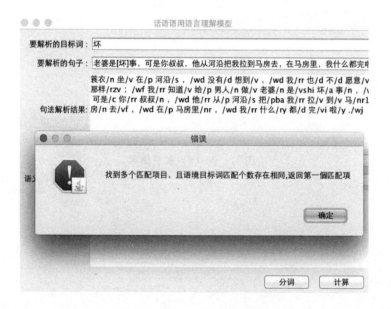

图 33　例（2）解析结果 2

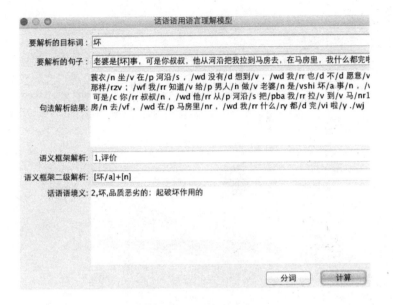

图34 例（2）解析结果3

图35 例（3）解析结果

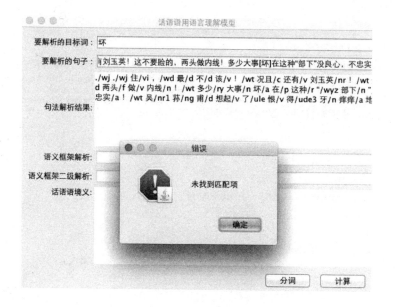

图36　例（4）解析结果

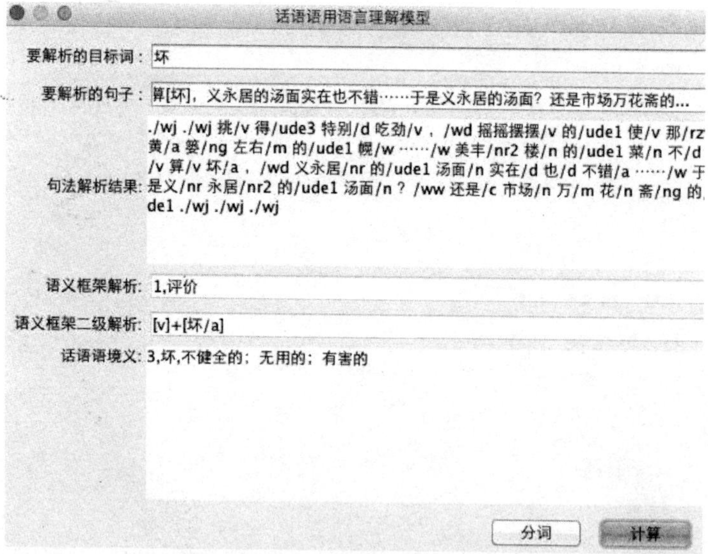

图37　例（5）解析结果

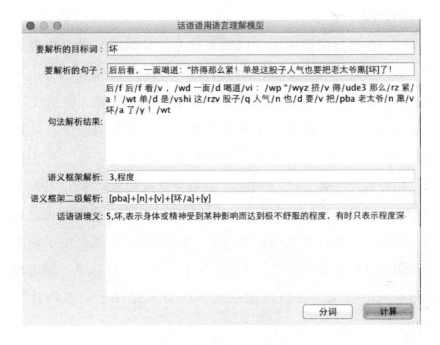

图38 例（6）解析结果

5.4.4.2 实验结果分析

实验结果分析表明，在人工干预分词系统分词结果的情况下，系统模型对目标词计算的正确率为83%，然而还有17%的情况无法做出判断。通过分析，总结了影响系统判断结果的四点主要原因。

一、由于我们无法穷尽以目标词为驱动的所有可能出现上下文语境词。因此，语境知识词典的容量受限。目前，语境词典只是基于现有的语料，一旦规则没有匹配，便无法计算。解决的途径可以通过建立常用目标词搭配词典，这样一方面为目标词语境知识库扩充了容量，另一方面也为话语隐式关系的判断提供了语义知识资源。

二、由于分词系统的分词结果和人工分词的结果会出现差异，从而导致短语组块规则的归属错误。解决办法就是对于出现异议的分词结果进行人工调整，然后重新进行计算。如例（2）中，分析结果第一次显示未找到匹配项，由于分词系统将"坏事"切分成一个名词，而我们设定的规则是将"坏事"作为词组，切分成两个词 [a] + [v]，这就导致规则不相匹配。因此，我们人工调整句法解析的结果，系统弹出"找到多个匹配项目且语境目标词个数存在相同，返回第一个匹配项"，这是由于句中出现多个目标词所导致的。这种情况下，我们只计算第一词出现的目标词的含义。我们在第三次修改分词结果后，系统计算成功。

三、由于语料规模的限制，这将导致短语结构规则也受限，所以有些语句无法计算结果。但是系统匹配的规则是一个开放集，我们可将新生成的规则逐渐向规则库添加，从而使规则库更加完善。如例（4）中，在我们的规则中缺少此匹配项，此时，可人工或利用机器自动学习的方式将新规则添加到规则库中。

四、由于短语结构规则的生成能力过于强大且不受约束。我们如果想要穷尽所有规则，那么需要大规模的语料标注。同时，还需要通过人工或计算机不断监测新生成的结构规则，并择取新规则所属的语义框架。

5.5 本章小结

话语的语境决定的话语的含义。如果从认知的视角分析，Sperber 和 Wilson 从关联性的角度出发，提出语境不是给定的，而是择定的、动态的。语境是心理的产物，是听话者对世界的一系列假定中的一组。我们的脑中并非是先存在语境，再通过语境去判断信息的关联性。相反，在脑中先给定的是信息之间的关联性。在理解话语语义时，人们先假定正在处理的是相互关联的信息，然后依据最佳关联的原则，设法从中选择一种能够使语义关联性最大化的语境。这一观点与我们对面向计算的自然语言的理解过程相一致。我们从计算机对于话语意义的浅层识别语义关系入手，再通过语境的加入，推断计算出话语的意图。

面向自然语言处理的话语意图的计算受话语语境的约束，这里的语境包括话语的现场语境、上下文语境与背景语境。本章首先从认知的角度阐述了话语意图的计算；其次，我们对面向计算的话语意图的理解做出了理想框架；最后，基于以上框架的设计，我们提出话语意图的计算模型，并通过语料对模型进行检测。同时对检测结果给予详尽的分析，以便提升后续研究中系统的鲁棒性。

6　结论与展望

6.1　本研究的主要发现

6.1.1　话语语义关系的识别理解

（1）本研究将汉语中显式连贯关系和隐式连贯关系的识别整合到一个统一的识别框架之内，通过显示连接词–语义性词汇标记–词汇语义的关系–语义框架的关系，将话语语义关系的识别进行整合，并试图利用层层逼近的方式，提升计算机判定话语语义关系的准确性。

（2）话语语义关系的识别是话语意图理解的基础和前提，背景语境中通过语义框架激活候选语境词，进行上下文语境词的匹配，这个过程也是隐式关系识别的过程。话语的语义关系的分析主要采用实体匹配，但是由于语义信息的缺失，导致有些语义相关的实体无法得到匹配，如"苹果"－"乔布斯"，由于缺乏捕捉此类信息的有效手段，就会导致匹配失败。我们可以通过激活话语语义框架，增强话语语义连贯性分析的能力。上例可以通过"手机"框架激活与之相关的信息，使语义信息连贯，有助于计算机理解话语的含义。

6.1.2　以语义框架作为背景语境约束话语意图

目前的研究主要关注挖掘话语内部的语义信息，忽视了专家系统知识库中知识的数量和质量的研究。对于知识库中背景知识如何利用，认知心理学为我们提供了研究方向，联想主义提出人类大脑中的概念以网络的形式进行储存，并互相联系，我们所接触到的知识都以框架形式储存。话语意义的分析和理解通常以框架作为背景知识进行推断和计算。

话语意图计算的研究缺少合适的背景知识表述方案，缺乏自动获取背景知识候选和筛选排序能力，无法确定与文本语义最为相关的候选知识条目。我们的研究以框架知识表示为切入点，通过框架激活相关联的概念，将其作为候选知识条目，然后择取与语义相关的背景知识，获取话语的意图，但这需要大规模的目标词与框架知识库的构建。

6.1.3　话语意图计算的模型

　　算法、规则和词表是构建一个语言理解系统所需要的三个主要方面。对于话语意图计算模型，本书的设计目标是基于上下文语境和背景语境来实现话语意图的理解。对于一段待处理文本或话语，在确定目标词的前提下，通过计算获得该目标词在具体语境中的特定含义。如果计算对象为目标词，结果即为目标词语境意；如果计算对象为含有目标词的简单句，计算结果则为话语的语境意或话语的意图。在对中科院计算所开发的汉语词法分析系统（Institute of Computing Technology，Chinese Lexical Analysis System，ICTCLAS）分词的结果不做人工干预的情况下，系统对目标词理解的正确率为37%。根据短语规则进行人工调整分词结果后，系统对目标词理解的正确率为83%。

6.2　本研究的局限性

6.2.1　隐式连贯关系的识别判定的盖然性

　　我们的研究已经对连贯关系的识别方式进行整合，尝试将显/隐式连贯关系统一到一个语义关系识别框架中，按照优先级分别进行话语语义关系的判断。首先，通过显式连接词进行显式关系的识别。若无显式连接词则进入隐式连贯关系的判断，首先，根据优先级进行语义性词汇标记的识别。语义性词汇标记主要指某些实义词或实义短语。它们虽然不具备连接功能，但是单独出现或配对出现时通常提示着某种连贯关系。（梁国杰，2015）同时需要大规模的语义性标记词汇的连贯关系集，而本书的研究中没有全面覆盖，还需在日后的研究中加以补充。其次，当文本中缺少可识别的语义性词汇标记时，可以利用语义网络中词汇的关系进行进一步的判断，从而识别话语单元间的连贯关系。这就需要对词汇进行分类，如反义，上下义，整体部分的语义关系等，这些是我们下一步需要进行的研究。最后，以上方式都无法识别时，可以根据两个话语单元之间的语义框架判断语义关系。此时，需要对语义框架所能激活的词汇进行分类标记。上述识别过程理论上可以逐步识别，但我们无法确保这种方式能否涵盖并识别出所有的语义连贯关系，还需进一步通过实验加以证明。

6.2.2 话语意图计算模型的局限

（1）语境知识词典容量受限，无法穷尽以目标词为驱动的所有可能出现的上下文语境词。因为目前语境词典只是基于现有的语料，一旦没有匹配便无法计算。可以建立常用目标词搭配词典加以解决。一方面，这种途径扩充了目标词语境知识库容量；另一方面，也为话语隐式关系的判断提供了语义知识资源。

（2）由于分词系统的分词和人工的分词会出现差异，这将导致规则归属出现错误的问题。解决办法就是对于出现异议的分词结果，进行人工调整，再次计算。

（3）对于目标词的噪音成分，有的语句中可能会多次出现同一目标词，此时系统无法计算结果。即使模型中选择对第一个出现的目标词进行计算，但后续工作还需要在排除已计算过的目标词的文本基础上，再次计算剩余文本中的目标词，这无疑加大了工作量。因此，模型还需进一步优化。

（4）由于语料规模的限制，导致短语结构规则也受限。有些语句无法计算出结果，然而系统对于规则的匹配是一个开放集，可逐渐添加新规则，使规则库更加完善。

（5）由于短语结构规则的生成能力不受约束且过于强大。如果想要穷尽所有规则需要对语料进行大规模的标注，并且需要人工或计算机实施不断监测，将新生成的结构规则映射到所属的语义框架之中。

6.3　研究展望

话语意义的计算要求对知识信息的处理不仅囿于词语的范畴，而且应覆盖句子以及关涉所有与话语环境有关的各种因素。它们在自然语言理解中具有十分重要的意义。然而，现阶段基于语境分析的话语意义计算的研究尚处于初步阶段，理论研究还未形成体系。话语层面的意义研究对于计算机理解自然语言而言，无论是理论意义还是现实意义来讲，都具有非常重要的推动作用。话语意图的分析计算和句法分析、语义分析类似，其研究过程是一项复杂的长期语言工程，需要诸多学科的共同努力使之逐步完善。

当前话语意义计算的研究成果已经应用到机器翻译和人机对话等领域中。用户可以通过智能搜索引擎，实现用母语搜索其他语言的网页，并输出母语搜索结果。随着信息科技的快速发展，话语意义的计算，包括话语意义的理解和生成，将成为今后研究的趋势和中心。

我们认为，对于话语意义计算的研究方向，今后可以从以下方面逐步展开。

（1）大规模扩充可激活背景语境的语义框架知识库，进行概率统计计算。同时，基于规则的计算也必不可少，因为还有一部分需要规则计算来提升结果的准确率。还需要不断创建新规则，从而使匹配框架的结果更加精细。

（2）虽然认知语境和关联理论已经被很多人所熟知，但对于话语意图的计算还没有人开展相关研究，这方面的探索也将为话语意图的计算开拓广阔的发展空间。

（3）对于隐式关系的识别是自然语言处理的难点，能否通过整合后的方式进行识别，还有待在今后的实证研究中进一步证明。

（4）本研究是基于规则的算法，规则的算法发展到一定阶段，随着规则不断增多，就会出现算法"瓶颈"。针对这个问题，在今后的研究中，如果能够利用机器学习的算法对其进行弥补，则会使系统更加完善。

参考文献

1. 柏拉图. 泰阿泰德篇 [M]. 北京：商务印书馆，1963：116.

2. 布鲁诺·G. 巴拉，认知语用学：交际的心智过程 [M]. 范振强，邱辉译. 杭州：浙江大学出版社，2013.

3. 常若愚，汉语语义组块识别研究 [硕士学位论文]. 杭州：杭州电子科技大学，2015：9 – 10.

4. 陈嘉明. 信念与知识 [J]. 厦门大学学报，2002（6）：34 – 36.

5. 陈平. 现代语言学研究：理论、方法与事实 [M]. 重庆：重庆出版社，1991.

6. 陈望道. 修辞学发凡 [M]. 上海：上海教育出版社，1976.

7. 陈忠华，刘心全，杨春苑. 知识与语篇理解——话语认知科学方法论 [M]. 外语教学与研究出版社，2004.

8. 冯志伟. 计算语言学基础 [M]. 北京：商务印书

馆，2001.

9. 冯志伟. 自然语言处理的形式模型［M］. 自然语言处理的形式模型. 北京：中国科学技术大学出版社，2010.

10. 高彦梅. 语篇语义框架研究［M］. 北京：北京大学出版社，2015.

11. （美）哈尼什. 心智、大脑与计算机：认知科学创历史导论［M］，王淼，李鹏鑫译. 杭州：浙江大学出版社，2010.

12. 郝宁湘. 计算：一个新的哲学范畴［J］. 哲学动态，2000（11）：32.

13. 胡壮麟. 语篇的衔接与连贯［M］. 上海：上海外语教育出版社，1994.

14. 姬建辉. 中文篇章级句间关系自动分析［J］. 江西师范大学学报（自然科学版）.2015（2）：127.

15. 简幼良，高健，王秀坤. 基于语境类似度的并列成分的判定方法［J］. 中文信息学报，1997（1）：51 –58.

16. 蒋严. 论语用推理的逻辑属性——形式语用学初探［J］. 上海外国语大学学报，2002（3）：18 –29.

17. 卡罗尔. 语言心理学［M］. 北京：北京大学出版社，2004.

18. 莱斯利·伯克霍尔德.（W. H. Newton-Smith）. 科学哲学指南［M］. 成素梅，殷杰译. 上海：上海科教出版社，2010.

19. 李素建. 汉语组块计算的若干研究［D］. 北京：中国科学院计算技术研究所，2002.

20. 李佐文. 话语联系语对连贯关系的标示［J］. 山东外语

教学，2003（1）：32－36.

21. 李佐文. 认知语用学导论［M］. 北京：中国传媒大学出版社，2009.

22. 梁国杰. 面向计算的语篇连贯关系及其词汇标记型式研究——一项基于汉语叙述文语料的研究［D］. 中国传媒大学博士论文，2015.

23. 梁宁建. 当代认知心理学［M］. 上海：上海教育出版社，2003.

24. 廖德明. 话语交流中的动态认知［M］. 北京：中国社会科学出版社，2015.

25. 廖秋忠. 廖秋忠文集［M］. 北京：北京语言学院出版社，1992.

26. 刘根辉. 计算语用学引论［M］. 武汉：华中科技大学出版社，2017.

27. 刘根辉，李德华. 计算语用学研究的途径和方法［J］. 计算机工程与应用. 2005，41（25）：4－8.

28. 刘海涛. 计量语言学导论［M］. 北京：商务印书馆，2017.

29. 刘茂福，胡慧君. 基于认知计算的事件语义学研究［M］. 北京：科学出版社，2013.

30. 陆丙甫. 语句理解的同步组块过程及其数量描述［J］. 中国语文，1986（2）：21－23.

31. 罗刚，张子宪. 自然语言处理原理与技术实现［M］. 北京：电子工业出版社，2016.

32. 吕明臣. 话语意义的建构 [M]. 长春: 东北师范大学出版社, 2005.

33. 马丁, 汝拉夫斯基, 自然语言处理综论 [M]. 冯志伟, 孙乐. 译. 北京: 电子工业出版社, 2005.

34. 马国彦. 篇章的组块: 标记语管界 [D]. 复旦大学博士学位论文, 2010: 21.

35. 马洪海. 汉语框架语义研究 [M]. 北京: 中国社会科学出版社, 2010.

36. 缪海燕, 孙蓝, 非词汇化高频动词搭配的组块效应——一项基于语料库的研究 [J]. 解放军外国语学院学报, 2005: 40-44.

37. 莫里斯. 指号、语言和行为 [M]. 罗兰, 周易译. 上海: 上海人民出版社, 1989.

38. 钱树人. 歧义、系统歧义和语境 [J]. 中文信息学报, 1993 (2): 18-26.

39. 乔治·A. 米勒. 神奇的数字: 7±2 我们信息加工能力的局限 [J]. 心理学评论, 1956 (vol63): 81-97.

40. 屈承熹. 汉语篇章语法 [M]. 潘国文等, 译. 北京: 北京语言文化大学出版社, 2006.

41. 石艳华. 认知激活框架下的汉语篇章回指研究 [M]. 北京: 中国社会科学出版社, 2014.

42. 盛晓明. 话语规则与知识基础 [M]. 上海: 学林出版社, 2000.

43. 史忠植. 心智计算 [M]. 北京: 清华大学出版社,

2015.

44. 宋柔. 现代汉语书面语中跨小句的句法关系. 香港城市大学讲座, 2000.

45. 宋洋. 王厚峰. 共指消解研究方法综述 [J]. 中文信息学报, 2015, 29 (1): 2-3.

46. 孙广路, 郎非, 薛一波. 基于条件随机域和语义类的中文组块分析方法 [J]. 哈尔滨工业大学学报, 2011, 43 (7): 135-139.

47. 孙维张. 汉语社会语言学 [M]. 贵阳: 贵州人民出版社, 1991.

48. 索绪尔. 普通语言学教程 [M]. 高名凯译, 北京: 商务印书馆, 1980.

49. 王惠, 俞士汶, 詹卫东. 现代汉语语义词典 (SKCC) 的新进展 [C] //孙茂松, 陈群秀. 语言计算与基于内容的文本处理——全国第七届计算语言学联合学术会议论文集. 北京: 清华大学出版社, 2003: 351-356.

50. 王伟. 修辞结构理论评价 (上) [J]. 当代语言学, 1994 (4): 8-13.

51. 王希杰. 汉语修辞学 [M]. 北京: 北京出版社, 1983.

52. 维特根斯坦. 哲学研究 [M]. 北京: 生活·读书·新知三联书店, 1992.

53. 吴蔚天, 罗建林. 汉语计算语言学——汉语形式语法和形式分析 [M]. 北京: 电子工业出版社, 1994.

54. 邢福义. 汉语复句研究 [M]. 北京: 商务印书

馆 . 2001.

55. 徐默凡 . 论语境科学定义的推导 [J] . 语言文字应用,2001 (2): 46 -56.

56. 徐赳赳 . 现代汉语篇章回指研究 [M] . 北京: 中国社会科学出版社, 2003.

57. 姚双云 . 面向中文信息处理的汉语语法研究 [M] . 武汉: 华中师范大学出版社, 2012.

58. 姚双云 . 复句关系标记的搭配研究 [M] . 武汉: 华中师范大学出版社, 2008.

59. 姚忠, 吴跃, 常娜 . 集成项目类别与语境信息的协同过滤推荐算法 [J] . 计算机集成制造系统, 2008, 14 (7): 1449 -1456.

60. 俞士汶 . 计算语言学概论 [M] . 北京: 商务印书馆, 2003.

61. 俞士汶 . 语法知识在语言信息处理研究中的应用 [J] . 语言文字应用, 1997 (4): 81 -87.

62. 俞士汶, 朱学锋 . 计算语言学文集 . [M] . 北京大学计算语言学研究所, 1996.

63. 袁毓林 . 基于认知的汉语计算语言学研究 [M] . 北京: 北京大学出版社, 2008.

64. 张大松 . 论科学思维的溯因推理 [J] . 华中师范大学学报 (哲社版), 1993 (3): 24 -29.

65. 张德禄, 刘汝山 . 语篇连贯与衔接理论的发展及应用 [M] . 上海: 上海外语教育出版社, 2006.

66. 张普. 汉语信息处理与语境研究 [M]. //西槙光正. 语境研究论文集. 北京：北京语言学院出版社，1992.

67. 郑洁，茅于杭，董清富. 基于语境的语义排歧方法 [J]. 中文信息学报，2000 (5)：1 – 7.

68. 周强，孙茂松，黄吕宁. 汉语句子的组块分析体系 [J]. 计算机学报，1999，22 (11)：1158 – 1165.

69. 宗成庆. 统计自然语言处理（第 2 版）[M]. 北京：清华大学出版社，2013.

70. 邹嘉彦，连兴隆，高维君等，中文篇章中的关联词语及其引导的句子关系的自动标注——面向话语分析的中文篇章语料库的开发 [A]. 中文信息处理国际会议论文集 [C]. 北京：清华大学出版社，1998：288 – 297.

71. Airenti, G. , B. G. Bara, and M. Colombetti. Conversation and behavior games in the pragmatics of dialogue [M]. Cognitive Science 1993(a),17(2):197 – 256.

72. Alshwai H. The Core Language Engine [M]. Cambridge,MA：MIT Press,1992.

73. Ariel, M. Interpreting Anaphoric Expressions：A Cognitive versus a Pragmatic Approach [J]. Linguistics,1994(30):3 – 42.

74. Asher, N. Discourse Semantics [A]. In Routledge Encyclopedia of Philosophy,Version 1. 0 [K/CD]. London/New York：Routledge,1993.

75. Beun R. J. and Cremers. Object reference in a shared domain of conversation. [J]. Pragmatics and Cognition,1998,6(1 – 2)：

121 – 152.

76. Bonanno, G. On the Logic of Common Belief[J]. Mathematical Logic Quarterly, 1996, 42(1):305 – 311.

77. Bunt H, Black W. Abduction, Belief and Context in Dialogue: Studies in Computational Pragmatics (Natural Language Processing, No. 1)[M]. Amsterdam: John Benjamins, 2000.

78. Chiarcos C. Towards the unsupervised acquisition of discourse relations [C]. Proceedings of the 50th Annual Meeting of the Association for Computational Linguistics: Short Papers – Volume 2. 2012:213 – 217.

79. Cohan A, Goharian N. Scientific Article Summarization Using Citation – Context and Article's Discourse Structure[C]. Proceedings of the 2015 Conference on Empirical Methods in Natural Language Processing. Lishon, Portugal Association for Computational Linguistics, 2015:390 – 400.

80. Cowan, N. The Magical Number4 in Short – term Memory: A Reconsideration of Mental Storage Capacity [J]. Behavioral and Brain Sciences 24 2000:87 – 185.

81. Feng V W, Lin Z, Hirst G. The Impact of Deep Hierarchical Discourse Structures in the Evaluation of Text Coherence [C]. Proceedings of the 25th International Conference on Computational Linguistics. 2014:940 – 949.

82. Gettier, E. L. Is justified true belief knowledge? [J]. Analysis, 1963, 23(6):121 – 123.

83. Girju R. Automatic detection of causal relations for question answering. [C]. Proceedings of the 41st Annual Meeting of the Association for Computational Linguistics workshop on Multilingual summarization and question answering – Volume 12. 2003:76 – 83.

84. Givón, Talmy. Context as Other Minds: The Pragmatics of Sociality. Cognition and communication [M]. Amsterdam: John Benjamins,2005.

85. Grice, H. P. Logic and Conversation. In Martinich, A. P. (eds.). Philosophy of Language [M]. New York: Oxford University Press,1975:165 – 175.

86. Grosz B J,Weinstein S,Joshi A K. Centering:A framework for modeling the local coherence of discourse [J]. Computational linguistics,1995,21(2):203 – 225.

87. Guha R V. Contexts: A Formalization and Some Applications [D]. Standford,CA:Standford University,1991.

88. Gundel, J. K. , Hedgerg, Nacy&Zacharski, Ron. Cognitive Status and the Form of Referring Expressions in Discourse [J]. Language,1993(69):274 – 307.

89. hagard P. Mind: introduction to cognitive science [M]. Cambridge. MA:MIT Press. 1996.

90. Halliday, M A K. Computing Meanings: some reflections on past experience and present prospect [M]. Beijing: Foreign Language Teaching and Research Press,2002.

91. Halliday, M. A. K. & R. Hasan. Cohesion in English [M].

London：Longman，1976.

92. Harabagiu，S. M. &D. I. Moldovan. A Parallel Algorithm for Text Inference ［A］ In Proceeding of the International Parallel Processing Symposium［C］. Honolulu：IPPS，1996：441 – 445.

93. Harmer，G. Review of Linguistic Behavior by Jonathan Bennett. Language［J］，1977，53：417 – 424.

94. HAO X y，Liu W，Li R，et al. Description Systems of the Chinese Frame Net Database and Software Tools［J］. Journal of Chinese Information Processing，2007，5：019.

95. Hinds，J. Misinterpretations and common knowledge in Japanese［J］. Journal of Pragmatics，1985，9（1）：7 – 19.

96. Hobbs，J. R. Coherence and co – reference ［J］ . Cognitive Science，1979，3（1）：67 – 90.

97. Hoey，Michael. Lexical Priming：A new theory of words and language［M］. Routledge，2005.

98. Hovy，E. &E. Maier. Parsimonious or Profligate：How Many and Which Discourse Structure Relations? Technical Report ISI/RR – 93 – 373. Information Sciences Institute，CA. 1992.

99. Hyland，Ken. Metadiscourse ［M］ . Beijing：Foreign Language Teaching and Research Press，2008.

100. Jane J. Robinson. Dependency Structures and Transformational Rules［J］. Language，1970，vol46（2）：259 – 285.

101. Kamp，H. "A Theory of Truth and Semantic Representation. " Truth，Interpretation and Information. Ed. J. Groenendijk，T. Jansenn，

and M. Stokhof. Dordrecht: Foris Publications, 1981.

102. Kintsch, W. On Comprehending Stories [A]. In Just, M. A. & Carpenter, P. (eds.). Cognitive Processes in Comprehension [C]. Hillsdale, N. J. : Erlbaum, 1977.

103. Knott, A. & R. Dale. Using linguistic phenomena to motivate a set of coherence relations [J]. Discourse Processes. 1994, 18 (1): 35 – 62.

104. L. Tesniere, Éléments de Syntaxe Structurale [M]. Paris: Klinck – sieck, 1959.

105. L. Tesniere, Éléments de Syntaxe Structurale, Paris, Klinck – sieck, 1959.

106. Lee, B. P. H. Mutual knowledge, background knowledge and shared beliefs: Their roles in establishing common ground [J]. Journal of Pragmatics, 2001, 33 (1) : 21 – 24.

107. Li R, Wu J, Wang Z, et al. Implicit Role Linking on Chinese Discourse: Exploiting Explicit Roles and Frame – to – Frame Relations [C]. Proceedings of the 53rd Annual Meeting of the Association for Computational Linguistics and the 7th International Joint Conference on Natural Language Processing. Beijing, China Association for Computational Linguistics, 2015 : 1263 – 1271.

108. Lin Z, Kan M Y, Ng H T. Recognizing implicit discourse relations in the Penn Discourse Treebank [C]. Proceedings of the 2009 Conference on Empirical Methods in Natural Language Processing: Volume 1 – Volume 1. 2009 : 343 – 351.

109. Lismont, L. , & Momgin, P. On the logic of common belief and common knowledge[J]. Theory and Decision, 1994, 37(1):75 – 106.

110. Louis A, Joshi A, Prasad R, et al. Using entity features to classify implicit discourse relations[C]. Proceedings of the 11th Annual Meeting of the Special Interest Group on Discourse and Dialogue. 2010: 59 – 62.

111. M. Lynne Murphy. Semantic Relations and the Lexicon[M]. Cambridge:Cambridge University Press, 2012.

112. Mann W C, Thompson S A. Rhetorical structure theory: Toward a functional theory of text organization[J]. Text, 1988, 8(3): 243 – 281.

113. Marcu D. The rhetorical parsing of natural language texts [C]. Proceedings of the eighth conference on European chapter of the Association for Computational Linguistics. 1997:96 – 103.

114. Matsui, T. Bridging and Relevance [M] . Amsterdam/ Philadelphia:John Benjamins Publishing Company, 2000.

115. M. A. K. Halliday. Computational and Quantitative Studies [M]. Beijing:Peking University Press, 2007.

116. Meggle, G. 1990: ' Intention, Kommunikation und Bedeutung. Eine Skizze ', in: Forum für Philosophie Bad Homburg (ed.)[J]. Intentionalität und Verstehen, Frankfurt/M. , 88 – 108.

117. Michael Sipser. Introduction to the Theory of Computation, (3rd. edition) , [M]. South – Western College Publishing, 2012.

118. Morris J, Hirst G. Lexical Cohesion Computed by Thesaural

Relations as an Indicator of the Structure of Text[J]. Computational Linguistics. ,1991,17(1):21 −48.

119. Nebel, B. Frame − based system. In Wilson, R. & Keil, F. (eds.). The MIT Encyclopedia of the Cognitive Science. Cambridge [M]. MA:MIT Press,1999.

120. Orlean, A. What is collective belief? In P. Bourgine(eds.). [J]. Cognitive Economics. Springer − Verlag Berlin Heidelberg,2004: 199 −212.

121. Palmer A,Sporleder C. Evaluating Frame Net − style semantic parsing:the role of coverage gaps in Frame Net[C]. Coling 2010: Posters. Beijing, China Coling 2010 Organizing Committee, 2010: 928 −936.

122. Peirce,C. ,Collected Papers of Charles Sandeds Peirce[M]. Cambridge,Massachusetts:Harvard University.

123. Pitler E, Nenkova A. Revisiting readability: A unified framework for predicting text quality[C]. Proceedings of the Conference on Empirical Methods in Natural Language Processing. 2008: 186 −195.

124. Pitler E, Raghupathy M, Mehta H, et al. Easily identifiable discourse relations. [J]. Technical Reports (CIS) ,2008:884.

125. Pitler E,Louis A,Nenkova A. Automatic sense prediction for implicit discourse relations in text [C]. Proceedings of the Joint Conference of the 47th Annual Meeting of the ACL and the 4th International Joint Conference on Natural Language Processing of the

AFNLP: Volume 2 – Volume 2. 2009:683 – 691.

126. Prasad R, Dinesh N, Lee A, et al. The Penn Discourse TreeBank 2. 0 [C] . The 6th international conference on Language Resources and Evaluation. 2008.

127. Rotter. J. B. , A new scale for the measurement of interpersonal turst [J]. Journal of personality, 1967, 35(4):651 – 665.

128. Schank R C, Abelson R P. Scripts, plans, goals, and understanding: An inquiry into human knowledge structures [M]. Psychology Press, 2013.

129. Schank R C. Conceptual dependency: A theory of natural language understanding [J] . Cognitive psychology, 1972, 3 (4): 552 – 631.

130. Schank R C. Tell me a story: A new look at real and artificial intelligence[J]. Simon &, 1991.

131. Schiffer, S. R. Meaning [M] . Oxford: Oxford University Press, 1972:12 – 18.

132. Schiffrin, D. Discourse Markers [M]. Cambridge: Cambridge University Press, 1987.

133. Segal, E. M. & J. F. Duchan. Interclausal Connectives as Indicators of Structuring in Narrative [A]. In Costermans, J. & Fayol, M.. (eds.) . Processing Interclausal Relationships [C]. Hillsdale, N. J. : Erlbaum, 1997.

134. Simon, H. A. How big is a Chunk? [J]. Science183, 1974.

135. Sinclair, J. On the integration of linguistics description. In van

Dijk (ed.). Handbook of Discourse Analysis. Vol. I [M]. London:
Academic Press. 1985.

136. Smith, B. C. Computation. In Wilson, R. & Keil, F. (eds).
The MIT Encyclopedia of the Cognitive Sciences. Cambridge[M]. MA:
MIT Press,1999.

137. Somasundaran S, Wiebe J, Ruppenhofer J. Discourse level
opinion interpretation. [C]. Proceedings of the 22nd International
Conference on Computational Linguistics Volume 1. 2008:801 –808.

138. Song W, Fu R, Liu L, et al. Discourse Element Identification
in Student Essays based on Global and Local Cohesion[C]. Proceedings
of the 2015 Conference on Empirical Methods in Natural Language
Processing. Lisbon, Portugal Association for Computational Linguistics,
2015:2255 –2261.

139. Sperber D, Wilson D. Relevance: Communication and
Cognition [M]. 2nded. Cambridge, MA: Harvard University Press,
1995.

140. Turing, A. M. Computing machinery and intelligence. Mind,
1950:433 –460.

141. van Dijk, T. A. Macrostructure—An Interdisciplinary Study of
Global Structures in Discourse, Interaction, and Cognition [M].
Hillsdale, New Jersey: Lawrence Erlbaum Associates Publishers,1980.

142. van Dijk, T. A. Levels and dimensions of discourse analysis.
[J]. In van Dijk (ed.) Handbook of Discourse Analysis. Vol. II.
London: Academic Press. 1985(b).

143. van Hoek. Conceptual Reference Points: A Cognitive Grammar Account of Pronominal Anaphora Constraints [J]. Language, 1995 (71):310 – 337.

144. Violi, P. Semiotics and cognition. In Wilson, R. & Keil, F. (eds.). The MIT Encyclopedia of the Cognitive Sciences [M]. Cambridge, MA: MIT Press. 1999.

145. Webber, B. L., M. Stone, A. K. Joshi & A. Knott. Anaphora and discourse structure [J]. Computational Linguistics, 2003, 29 (4): 545 – 587.

146. Widdowson, H. G. Teaching Language as Communication [M]. Oxford: Oxford University Press, 1978.

147. Wolf F, Gibson E. Representing discourse coherence: A corpus – based study [J]. Computational Linguistics, 2005, 31 (2): 249 – 287.

148. You L, Liu T, Liu K. Chinese Frame Net and OWL representation [C]. Advanced Language Processing and Web Information Technology, 2007. ALPIT 2007. Sixth International Conference on. 2007: 140 – 145.

149. [EB/OL]. https://en. wikipedia. org/wiki/Church-Turing_thesis.